GASLIGHTING

Recognize Manipulative and Emotionally Abusive People
—and Break Free

情感操纵

摆脱他人的隐性控制，
找回自信与边界

[美] 斯蒂芬妮·莫尔顿·萨尔基斯　著
Stephanie Moulton Sarkis

顾艳艳　译

机械工业出版社
CHINA MACHINE PRESS

图书在版编目（CIP）数据

情感操纵：摆脱他人的隐性控制，找回自信与边界 /（美）斯蒂芬妮·莫尔顿·萨尔基斯（Stephanie Moulton Sarkis）著；顾艳艳译 . —北京：机械工业出版社，2023.10

书名原文：Gaslighting: Recognize Manipulative and Emotionally Abusive People—and Break Free

ISBN 978-7-111-73680-6

I.①情⋯　II.①斯⋯ ②顾⋯　III.①情感 – 研究　IV.① B842.6

中国国家版本馆 CIP 数据核字（2023）第 187266 号

机械工业出版社（北京市百万庄大街22号　邮政编码100037）
策划编辑：刘利英　　　　　　　责任编辑：刘利英
责任校对：肖　琳　张　征　　　责任印制：张　博
保定市中画美凯印刷有限公司印刷
2023 年 12 月第 1 版第 1 次印刷
147mm×210mm・7.625印张・1插页・156千字
标准书号：ISBN 978-7-111-73680-6
定价：59.00元

电话服务　　　　　　　　　　　网络服务
客服电话：010-88361066　　　机 工 官 网：www.cmpbook.com
　　　　　010-88379833　　　机 工 官 博：weibo.com/cmp1952
　　　　　010-68326294　　　金 书 网：www.golden-book.com
封底无防伪标均为盗版　　　　　机工教育服务网：www.cmpedu.com

献给所有经历过煤气灯操纵的人——

愿你们寻得光、希望和痊愈

引言

　　你肯定认识"煤气灯操纵者"。他可能是一个魅力四射、幽默风趣、沉着自信却控制欲十足的约会对象；她可能是团队中那个总是设法把你的功劳据为己有的人；抑或是那个发誓说你总是把垃圾倒进他家垃圾桶的邻居，甚至是指责你主动勾引的性侵者。煤气灯操纵者是控制、操纵他人的高手，深谙如何混淆真假、颠倒黑白。他们无处不在：社会名流、你的老板、兄弟姐妹、父母邻居、朋友同事、你的另一半，其中任何一个都有可能对你实施煤气灯操纵。

　　煤气灯操纵者让我们深信：我们疯了；我们有施虐倾向；我们一无是处，没有人愿意靠近；我们在工作中表现得十分糟糕，没被解雇真是奇迹；我们是差劲的父母，根本不配有孩子；我们无法掌控自己的生活；我们是别人的累赘。他们有毒。

随着 2016 年美国总统选举的展开，关于"另类事实"和"假新闻"的争论愈演愈烈，"煤气灯操纵"这个术语也人气飙升。（只有极大地动摇我们对之前所信任的新闻来源的信心，扭曲的事实才有可乘之机，从而方便某些人巩固权力，树立权威。这是典型的煤气灯操纵。）但是，对于煤气灯操纵的研究却乏善可陈、鲜有进展，甚至在美国精神医学学会的《精神障碍诊断与统计手册》中都没有相关的定义。煤气灯操纵与其他几种人格障碍类似，比如自恋型人格障碍。但是，作为一名咨询师，我在工作中发现煤气灯操纵者拥有一系列独特的行为方式，我们理应去了解。有些煤气灯操纵者可以被一眼识破，有些却难以被察觉。他们是操纵别人的高手，如何识别他们、避开他们，以及如果我们已经和他们有了纠葛，又该如何应对，这些我们都亟须掌握。

术语的来源

"煤气灯操纵"真正指的是什么？它出自哪里？在文献中，"煤气灯"一词及其变体的使用可追溯至 1952 年（Yagoda，2017），但是直到 2004 年 12 月，"煤气灯"（gaslighting）才被作为一种心理操纵手段首次收录在《牛津英语词典》中。实际上，这一术语可能起源于由帕特里克·汉密尔顿在 1938 年创作的剧作《煤气灯》，后来随着 1944 年电影《煤气灯下》

的上映一炮而红。这部电影由乔治·库克执导，英格丽·褒曼和查尔斯·博耶主演。宝拉的丈夫格里高利试图让她深信自己正在变疯——弄丢了珍贵的物品，产生幻视与幻听，感觉房间里的煤气灯忽明忽暗，而格里高利却极力否认灯在闪烁。最终真相大白于天下：格里高利对她实施了"煤气灯操纵"。具体情节请观看电影，我就不剧透了。

煤气灯操纵者擅于用你的话去攻击你，设计陷害你，当面撒谎，否定你的需求，极力施展权威，让你对"另类事实"深信不疑，让你和家人、朋友反目成仇——上述种种就是为了让你痛苦、难受，以此来巩固他们的权力，并且增加你对他们的依赖。

有趣的是，男性和女性都会实施煤气灯操纵。可能你听说过的煤气灯操纵者以男性居多，这可能是因为有时女性操纵者的行为不会引起足够的重视。为了更直观，在本书中我会变换人称，交替使用"他""他的""她""她的"，或者复数形式"他们""她们"，来表明此处的信息同时适用于男女双方。

对煤气灯操纵者而言，操纵是一种生活方式。当然，值得注意的是，操纵本身并不是一件坏事。始终有人用积极的方式来进行"操纵"，他们可以极大地激励他人。例如，我们因受到感召而投身一份事业，或者深受某人影响而要更好地照顾自己（Cialdini，2009）。你可能会称之为说服，但两者之间有一条细细的分界线。煤气灯操纵者进行操纵是为了获取对别人的控制，这类影响毫无益处可言。这种操纵通常是处心积虑、缓慢实施的，甚至有可能直到你在某一刻顿悟，或者当你面对家人、朋友的当面质问时，又或者煤气灯操纵者的推波助澜导致你被解雇后，你才意识到这种操纵的巨大危害。煤气灯操纵者一心让你脱离正轨、精神恍惚。你越依赖他们口中的"现实的正确版本"，他们对你的操纵就越稳固。这种操纵和权力正是煤气灯操纵者热切渴望的。

如上所述，煤气灯操纵类似于某些人格障碍。一些煤气灯操纵者符合美国精神医学学会的《精神障碍诊断与统计手册》中某些人格障碍的评判标准，这类人格障碍在该手册中被称为 B 群人格障碍：

- 表演型人格障碍
- 自恋型人格障碍
- 反社会型人格障碍
- 边缘型人格障碍

所有 B 群人格障碍的共同特点就是冲动行事。人们一般认为，人格障碍会根深蒂固地存在于患者的言行举止中，很难被治愈。人格障碍患者通常会经历**自我协调**（ego-syntonic）：他们深信是别人有问题，是别人疯了，而不是他们。是不是和你生活中的煤气灯操纵者差不多？即便对于经验丰富的心理咨询师，治疗人格障碍也是极大的挑战。普通人很难帮助那些对煤气灯操纵行为"重度成瘾"的人，或者说服他们接受帮助，因此远离他们才是上上策。如果无法脱身，一定要和他们划清界限，不去招惹他们。本书中会提到在不同场合面对各种各样的煤气灯操纵者时，如何保护自己，摆脱控制。

无论是在家庭中、工作中还是别的场合，如果你遭遇了煤气灯操纵者，我希望你通过知道你并不孤单而找到些许慰藉，也希望你在找到归属感的同时，能有勇气远离生活中的煤气灯操纵者。你值得拥有更好的生活。

我是如何选定这个主题的

作为私人诊所的一名临床执业医师，我有机会近距离地亲身观察煤气灯操纵的恶劣影响。我的专长是治疗注意缺陷多动障碍、焦虑和慢性疼痛，而煤气灯操纵者的"猎物"通常遭受着这些症状的折磨。因此，相较于其他咨询师，我得以接触到更多煤气灯操纵的受害者。我的许多患者都因遭受煤气灯操纵而抑郁、焦虑，甚至产生自杀倾向。

同时，我还是佛罗里达州最高法院认证的家庭调解员和巡回调解员。在调解过程中，我目睹了煤气灯操纵者的所作所为，尤其是在监护权纠纷中。煤气灯操纵者更有可能挑起监护权争夺战，而不是解决纷争。身经百战的律师和法官通常可以一眼识破煤气灯操纵行为，但是有些心理操纵者可以游刃有余、得心应手地实施操纵，即使是一些心理健康专业人士也无从察觉。

我深知煤气灯操纵者的危害之重，也对他们的行为模式了然于心。于是，我开始在"今日心理学"网站上的个人博客中发布相关的帖子，并收到和接到了来自世界各地的电子邮件和电话。这些受害者因终于有人道出了与煤气灯操纵者打交道时的痛苦而深表感激。同时，他们希望能分享自己的经历，并寻求建议——在面对煤气灯操纵者时，如何才能保护自己，或者与其划清界限。

2017年1月，我在博客上发表了一篇名为"煤气灯操纵的11个警报信号"的文章，文章一经发布就在网络上迅速传播开来。截至本书英文版出版之时，已经有了数百万的点击量。随后，电话和邮件如洪水般涌来，甚至有人在自己身上识别到了煤气灯操纵者的行为特点，并迫切地向我寻求帮助。无数人的热切回应和对相关信息的极度渴求，是我动笔写这本书的主要动力。

你对煤气灯操纵了解得越多，就越能很好地保护自己，从而幸免于难。你或许曾侥幸从煤气灯操纵者的手下逃脱，又或许仍生活在水深火热之中；你或许正扮演着咨询师的角色，向深受煤气灯操纵伤害的人施予援手，又或许发现自己身上有煤气灯操纵的倾向；你或许刚开始约会，又或许刚与某人重修旧好；你或许刚开始一份新工作，又或许正在招聘新员工，需要深谋远虑，规避潜在的风险。相信我，你都会在本书中获益匪浅。

书中有什么

首先，请注意：本书是按照主题谋篇布局的。即便如此，我也强烈建议你从第一页开始通读本书，而不是直接翻到与你的情况似乎最为吻合的那一章。煤气灯操纵极其复杂，你很可能在意料不到的章节中得到些许启发。本书涵盖了煤气灯操纵者出没的各种场景：约会、养育、职场等，读完本书，你对煤气灯操纵的全貌以及如何应对，会自然而然地熟谙于心。

本书第1章探讨了煤气灯操纵者擅长使用的精妙的"操纵"过程。煤气灯操纵的核心是在不同场合（工作中、家庭中，或在更大的范围内）操纵他人。你会知悉煤气灯操纵者是如何运用说服技巧来侵蚀你的自尊的。他们会有条不紊地逐渐加强对你的控制。一旦发现你接受了某个轻微的操纵行为，他们便知道你已经在劫难逃。接下来，他们打赌你不会离开，便会加强对你的控制。煤气灯操纵者深知，一旦你做出承诺或者让步，你便极有可能从此变得更为忠诚和顺从。

任何一段亲密关系都有可能极具挑战性，但是与煤气灯操纵者的亲密关系，会让你备受折磨。即使是自我意识很强的人，都可能会深陷这种亲密关系之中而无法自拔。第2章会帮助你认清你是否正身处与煤气灯操纵者的亲密关系中而不自知。书中列举了一些或明显或隐秘的信号，并且直言不讳地指出了与他们纠缠不清的危害。

在第3章中，我会就初次约会的危险信号对你进行提醒，并探讨煤气灯操纵者进行高强度示爱的真实目的。本书会告诉你，在约会过程中你可以采取哪些行动来让煤气灯操纵者知难而退。最后，你会了解如果陷入与煤气灯操纵者的亲密关系中，如何全身而退，并且如何在今后保护自己，不再重蹈覆辙。

第4章讲述了煤气灯操纵者如何把工作场所搅得天翻地覆。他们会编造故事使同事遭到解雇，会骚扰、威胁同事和员工，会为了转移别人对自己在职场中的不道德行为的关注，挑起同事间的不和。煤气灯操纵者可能是公司中的任何人：你的老板、你的平级同事、你的下属，上至执行总裁，下至邮件收发室的员工。我们会目睹煤气灯操纵者如何一步步毁掉一家运作良好的公司：员工纷纷离开原本完美的工作岗位，性骚扰事件的诸多受害人对公司发起诉讼。

煤气灯操纵者通常会不遗余力地抹黑同事；在人危难之际，他们会满心欢喜地落井下石。他们会将你的工作成果据为己有，为了逼你就范，不惜对你的工作表现给出差评，甚至威胁要提起法律诉讼以满足他们的私欲。这看起来和骚扰很像，事实上，这就是一种骚扰。在美国，有很多法律可以保护你免于职场骚扰。我会列出详细的自保技巧清单，比如任何一次与煤气灯操纵者的见面，都要确保有目击者在场。

这是一个"#Me Too"的时代——人们敢于大声说出自己曾经遭受的性骚扰或者虐待，有些骚扰或虐待行为甚至持续数年之久。之前大部分人一直都矢口否认或绝口不提事实，现在他们也敢公开发声、控诉了。煤气灯操纵者一般锁定势单力薄的人为猎物，并且威胁他们不许报警或将操纵者的行为公之于众。煤气灯操纵者也可能是家庭暴力的实施者，在语言、金钱、肢体、性、情感上施虐，使受害者生活在恐惧之中。第 5 章详尽介绍了这些虐待是如何实施的，好好留意一下你有没有类似的经历。你会明白为什么置身于虐待性的亲密关系中会如此危险，你也能学会如何全身而退、重获新生。

有些人从小就耳濡目染煤气灯操纵，他们的父母经常使用这类手段来控制他们。在第6章，我们会探讨如何应对这类父母。你会清楚地了解到，在孩子慢慢长大的过程中，擅于煤气灯操纵的父母是如何影响他们的。同时，我们还会讨论煤气灯操纵行为是如何代代相传的。煤气灯操纵者的孩子通常会在自己的亲密关系以及友情中使用这类操纵手段。这种行为被称为"跳蚤"（出自谚语"和狗躺一起，跳蚤满身挤"）。

长期使用从"煤气灯"父母身上学到的应对技能的孩子，一生都会情路坎坷、人际关系紧张。很多煤气灯操纵者都患有人格障碍，如果他们的子女模仿他们的行为，一般也会被误诊为人格障碍（Donatone，2016）。

有些煤气灯操纵者的子女会成长为煤气灯操纵者，有些则不然。实际上，一些煤气灯操纵者的子女会与他们的父母表现得截然不同：兄弟姐妹之间相互依赖，有些人甚至化身为父母的照顾者。因此，我们同样会介绍看护此类操纵狂父母的方法，并告诉你当你无法彻底摆脱他们时，可以如何应对他们。你同样会知悉如何对付你的操纵狂兄弟姐妹以及成年子女。你无法像对待同事或朋友一样和他们完全断掉联系，但当兄弟姐妹试图操纵你时，你起码应该知道可以如何应对。你也会深入地了解"天之骄子"和"替罪羊"以及这些角色如何在你和兄弟姐妹的成年关系中体现出来。

"敌友"（frenemy）这个词极有可能是为了描述煤气灯操纵者而创造出来的。表面上他们似乎是你的朋友，但这种友情却充满了明争暗斗、互相较劲。在第7章中，你会看到这些"情感吸血鬼"的真面目，他们正想方设法榨干你的精气神。煤气灯操纵者会从你身上收集"把柄"，然后利用它们来对付你。你对他们展露自己的脆弱彷徨，这本是健康友情中的一部分，却给了他们伤害你的机会。同样让人深恶痛绝的是，煤气灯操纵者擅于挑拨离间、引发内斗，这样一来，受害者只能依赖他们。当感觉到你的刻意疏远时，煤气灯操纵者通常会四处散播关于你的恶意谣言，这一章会提供一些建议来应对这一情形。

第 8 章会谈及如果你无法彻底摆脱擅长心理操纵的前任，该如何与他或者他的新伴侣打交道。如果你和前任有孩子，不只是你无法挣脱，你也会眼睁睁地看着孩子因此受苦。想方设法排挤你，让孩子与你为敌，是煤气灯操纵者的共同目标（Kraus，2016）。他们常用的方式是让孩子直呼你的名字，或者让你直呼孩子的新名字，从感情上疏远你和孩子（Warshak，2015）。

为了获得孩子的监护权，煤气灯操纵者甚至会捏造虐待指控。他们并不关心孩子的幸福，他们在意的是对孩子的控制和让另一半痛苦。我曾目睹旷日持久的监护权争夺战，最终导致另一半精神上崩溃、经济上破产。这一章将探讨如何设法保护你的孩子，为他们争取权益，守护他们的心理健康。

读到这里，你或许会意识到自己身上有一些煤气灯操纵行为，或许你读这本书的原因便是你早就有所怀疑。第 9 章会为你提供相关的指导，方便你进行自我检查和审视。如果需要帮助，你可以求助于心理咨询，无论自己曾经如何操纵和伤害周围的人，尝试和以前的所作所为达成和解。与煤气灯操纵者共处一会儿，便足以把人的操纵行为激发出来。如果你的父母或者长期伴侣是煤气灯操纵者，那么情况尤甚。对于这一切是如何发生的，阅读这一章后你会有更多的了解。

最后，在第10章，我们会重提心理咨询和治疗，它们可以帮助你保护自己并逐步从煤气灯操纵的伤害中走出来。我会提供相关信息，帮你找到最合适的心理健康专家，并告诉你打电话预约时你应该问什么问题。你会了解到不同种类的谈话疗法，并知道哪种最适合你。你会掌握不同类型的谈话疗法的详细信息：当事人中心疗法（CCT）、认知行为疗法（CBT）、辩证行为疗法（DBT）、接纳承诺疗法（ACT）、焦点解决疗法（SFT）。你同样会找到一些纾解焦虑的技术，它们是无须临床医师指导而可以自己操作的。此外，你还能发现个体治疗和团体治疗哪个最适合你。这一章中我们也会讨论冥想，以及它如何帮助你从煤气灯操纵的伤害中恢复过来。冥想是一种不用花钱又简单易行的方法，可以真正地帮助你舒缓压力，并提高你的应对能力。

在本书中，你会直接接触到那些煤气灯操纵的受害者所陈述的亲身经历。出于隐私和安全考虑，我隐去了有辨识度的细节，更改了人名。在某些情况下，甚或将不同的故事糅合在了一起。

事不宜迟，我们开始吧。

Contents

目录

引言

第 1 章

是我，还是你让我觉得是我

一个煤气灯操纵者的画像

他们怎么操纵你

煤气灯操纵者具有很多特质，需要我们加以探索。本章列出的清单可能会略显冗长或宽泛。我列此清单并不是为了给煤气灯操纵者下一个临床定义，而是为了更好地描绘出他们的全貌，说明他们是如何实施操纵的，以及如何才能识别出他们。

你可能会边看边想："嗯，有时我和我姐姐就是这样相处的，她可不是煤气灯操纵者。"我们给出的是行为模式。如果你在某个人身上发现了足够多的特质，那么他极有可能就是一个煤气灯操纵者。

好了，快来开始描绘煤气灯操纵者的画像吧。

他们的道歉总是有条件的

煤气灯操纵者最显著的特点就是：他们精通"有条件的道歉"。比如，有人说："我很抱歉你会有这种想法。"这并不是道歉，他并没有为自己的行为负责，只是通过认可你的感受，让你觉得自己被关注到了。只有当对你有所企图时，煤气灯操纵者才会道歉。即使他们道歉了，如果你认真听，你会发现他们实际上是在做"非道歉式道歉"，而且只有当你要求道歉，或者法官、调解员强制他们道歉时，他们才会做出"非道歉式道歉"。

> 我突然想到了我老公说的话——"我出轨了，对不起。但是如果身为妻子的你做得更好，我就不会移情别恋。"
> ——托妮，56 岁

他们擅于三角化和挑拨离间

关于如何实施操纵，煤气灯操纵者诡计多端，其中最常用的就是三角化（triangulation）和挑拨离间。在你和他人之间搬弄是非，他便可以顺理成章地对你实施操纵和控制。他们采用这两种计谋的原因如下：

> 同事告诉我，我的操纵狂老板和他说要解雇我。天哪，老板为什么不能亲自告诉我呢？！
> ——詹姆斯，35 岁

- 让人们反目成仇
- 让人们与他结盟
- 避免直接冲突
- 不对自己的言行负责任

- 抹黑你的名声
- 散布谣言
- 引发混乱

三角化

三角化这一心理学术语指的是通过第三方与当事人沟通。煤气灯操纵者不会直接与当事人说，而是通过一个共同的朋友、另一个同事、某个兄弟姐妹，或者自己的另一半，向当事人传达一些信息。这种行为可以是暗示性的——"我真希望萨莉别再给我打电话了"，希望听到的人能把信息传递给萨莉，也可以是直截了当地说"请告诉萨莉别再给我打电话了"。以上两种方式都是间接地操纵他人。

> 我丈夫和我说，他的母亲想让他告诉我，她不认同我对孩子的教育方式。我对丈夫说，如果她有意见，直接来和我谈，我今后不会再和他谈论这些。这就是他的母亲进行操纵的方式之一。
>
> ——乔安妮，30 岁

挑拨离间

同时，煤气灯操纵者也喜欢挑拨离间、搬弄是非。这会给他们一种力量感和操纵感。例如，煤气灯操纵者会向某个朋友撒谎，谎称另一个共同好友曾在背地里说过这个朋友的坏话。

煤气灯操纵者擅长煽风点火、火上浇油，搞得大家反目成仇、明争暗斗，他们趁机获得更大的影响力和力量。然后，对于这场由他们一手挑起的争端，他们会饶有兴趣地坐山观虎斗。

基于此条原则，切记：**除非是别人亲口所言，否则，不要相信任何传言。**

煤气灯操纵者深知，挑拨离间和三角化会让你疏远那些他们想让你疏远的人，从而使你与他们走得更近。

> 前夫和我说，儿子告诉他不想和我亲近了，他答应儿子会对我保密。我给儿子打电话，询问他是不是有所顾虑，有没有事情想和我聊聊。儿子说没有，他一切都好，我们聊了好一会儿。我知道，如果我完全听信前夫的话，会发生什么——一切都会变得混乱不堪。
>
> ——麦琪，55 岁

他们明目张胆地逢迎拍马

煤气灯操纵者精于阿谀奉承。他们会虚情假意地溜须拍马，以达到自己的目的。一旦你没有了利用价值，他们便会撕掉伪善的面具。相信你的直觉，如果这种亲密友善不那么真诚自然，一定要加倍小心了。

他们期望获得特殊待遇

煤气灯操纵者认为，标准的社会准则（比如礼貌待人、尊重他人、富有耐心等）不适用于他们，他们是凌驾于这些准则之上的。举例来说，一个煤气灯操纵者会要求他的另一半在某个时刻准时到家，让他下班一回来就有晚餐可以享用。一旦另一半没有履行这些"义务"，他便会出离愤怒，并伺机报复。

他们虐待势单力薄的人

通过观察一个人如何对待比他弱势的人，你可以了解到很多信息。比如，观察一个人如何对待餐馆服务员。他点菜时对服务员大吼大叫还是很有礼貌？如果服务员上错菜了，他会怎么反应？是强势而有礼貌地要求换菜，还是当众大吵大闹，对服务员呼来喝去？肆意贬低服务员是煤气灯操纵的一个症状。

另外，从人们对待或讨论儿童和动物的方式中也可看出。对儿童或动物漠不关心，与蔑视、看轻他们或它们不同。煤气灯操纵者会取笑捉弄他认为比自己"低等"的人或动物。

你可能也会发现，煤气灯操纵者存在"路怒症"的问题。一旦有车挡住他们或者转弯时没有开转向灯，他们会认为这是对他们的故意挑衅，并时刻准备着要报复回去，纠正别人的错误。这种行为会将其他司机或者操纵者自己驾驶的车辆上的乘客置于险境。

> 和我的前女友一起吃晚饭时，服务员不小心上错了菜，她就开始大吼大叫。
>
> ——丹尼尔，28 岁

他们利用你的弱点来攻击你

通常，与煤气灯操纵者刚开始一段感情时，你会觉得非常有安全感。因此，正像所有身处正常感情中的人一样，你会无条件地信任对方，和他分享你最隐秘的想法和感受。这是一段亲密关系发展中自然而然的一部分。但是，煤气灯操纵者不会轻易吐露自己的秘密，一定要注意这一点。与此同时，你分享的那些秘密和感受很快会变成吵架时的"心理炸药"，被用来对付你。比如，你告诉了煤气灯操纵者你和你姐姐之间关系紧张、火药味十足。吵架时，他可能会这样回击："难怪我们会吵架。你姐姐都受不了你。你对我就像对你姐姐一样。"

> 有一次争吵时，我在他面前泪流满面，他竟用这一点来攻击我。他看到我的弱点就像动物看到新鲜血液一样（蠢蠢欲动）。
> ——多米尼克，30岁

他们会拿你与别人比较

煤气灯操纵者会拿你与他人比较，搬弄是非，以此来获取操纵感。擅于煤气灯操纵的父母会经常比较自己的孩子们，而且是脱离实际、明目张胆地比较。这样的父母通常有一个"天之骄子型"的孩子和一个"替罪羊型"的孩子。前一种孩子从不犯错，后一种则什么都做不对。这导致兄弟姐妹之间相互竞争，而且这种竞争情绪会一直持续到成年。

你的老板可能会说："你为什么不能像简一样呢？她每天早上八点就到公司了。既然她能做到，你应该也行啊。"在比较中，你可能一直处于劣势，除非比较的目的是诋毁你的竞争对手。也就是说，为了让别人感到难堪，煤气灯操纵者会在别人面前对你大加赞扬。即使你拼尽全力，也无法满足他们的期待，他们眼中的完美永远都遥不可及。

他们痴迷于自己的成就

煤气灯操纵者会一直把自己的成就挂在嘴边，比如他们如何在工作中获得"月度最佳员工"的称号。实际上，这已经是 15 年前的事儿了！当他们再一次讲起完胜对方的"丰功伟绩"时，如果你没有热情回应并发出赞叹，他们就会喋喋不休。无论他们的成就和贡献有多么不真实或不值一提，他们都会高度重视自己的成就和贡献。

> 只要我和女朋友一吵架，她就会一直说她是毕业典礼上致告别词的毕业生代表，因此她比我聪明。拜托，那是将近 20 年前的事儿了，而且她们的毕业班只有 15 名学生。
>
> ——维克多，37 岁

他们更愿意和那些逢迎他们的人在一起

煤气灯操纵者不会与敢于当面揭穿他们行径的人做朋友。他们只喜欢和那些把他们供上神坛的人交朋友，他们自认为这是他们应得的待遇。一旦他们觉察到你不再毕恭毕敬、百依百顺，就会弃你而去。

他们让你受到"双重束缚"

"双重束缚"指的是一种进退两难的境地，你被迫在两个都不喜欢的选项里做出选择，或者你所得到的两种信息是互相矛盾的。比如，擅于操纵的另一半告诉你，你该减肥了，但是当天晚饭他却做了各种各样的甜品。你处于必败的处境，怎么做都不讨好。他们乐于让人们进退两难，你的犹豫不决标志着他们对你的操纵。

他们执迷于自己的形象

你胆敢让煤气灯操纵者难看！他们肯定会报复你。他们非常在意别人对他们外貌的看法，会花大价钱购买个人护理产品，长时间在镜子前流连。当你碰到他们的头发，或者使用他们的某件个人护理产品时，他们可能会焦躁不安。他们追求完美，却又无法达到。有些煤气灯操纵者甚至会节衣缩食，攒钱去做整容手术，或者不断尝试其他会让自己变美的方法。

他们执迷于你的形象

煤气灯操纵者不仅过分关注自己的外表，也会挑剔你的形象。他们尤其关注体重。他们会取笑另一半的体重和穿衣着装。他们会帮另一半购买自己认为合适的衣服，这隐含的意思就是：你还不够好。

他们会哄骗别人

在煤气灯操纵者看来，一切都是一场游戏，而游戏所不可或缺的就是哄骗。

他们想弄清自己究竟可以从你身上骗取多少感情和钱财。可是，他们并非如自己所想的那么聪明——他们会公然吹嘘自己的欺骗行为，而这经常使他们原形毕露。

> 我弟弟和我说他最近手头有点紧，要借1000美元交房租。当谈到他支离破碎的生活时，他不禁流下了眼泪。我东拼西凑地把钱凑够了给他，最后却发现他把钱都挥霍在了赌场里。
>
> ——肖娜，35岁

他们会在别人心里激起恐惧

当有人敢于质疑煤气灯操纵者的行为时，煤气灯操纵者的家人、朋友可能会维护他们，也可能会避免和他们发生正面冲突。出现这些情况有两个主要原因：①家人和朋友对煤气灯操纵者的这种行为习以为常、见怪不怪；②他们要对煤气灯操纵者保持忠诚以保护自己。这一点在煤气灯操纵者的孩子身上尤其常见。在第 6 章，你会了解更多关于煤气灯操纵者的孩子的"亲职化"。一旦家人、朋友经历过煤气灯操纵者的报复，他们便会对他感到恐惧，并竭尽所能地避免和他正面冲突。

> 在一次全班同学的野外考察中，一个随行维持秩序的妈妈突然对着一个小男孩大喊大叫，只是因为男孩不小心碰了她一下。男孩上六年级，当时正和朋友们玩得开心，并不是故意冒犯这个妈妈。而这个妈妈的儿子，同样上六年级，他责怪那个男孩说："看，你惹她生气了吧。"
>
> ——亚历克斯，30 岁

他们大都脾气火暴

煤气灯操纵者觉得别人应当忠于自己，而且他们的自我不堪一击。因此，任何行为都可能会被他们认为是针对自己的，这会给受害者带来灾难性的后果。他们的火暴脾气也引起了人们对他们的潜在枪支暴力行为的担忧。在美国，8.9%的人口既有冲动愤怒行为，又持有私人枪支（Swanson et al., 2015）。

一开始，为了维护自己完美的形象，煤气灯操纵者会试图平静地表达自己的愤怒。然而他们坚持不了多长时间便会原形毕露。第一次见到他们撕下伪善的面具、大发雷霆时，你会万分震惊。

惩罚对他们影响甚微

当受到惩罚或教训时，B群人格障碍患者，以及深度煤气灯操纵者的神经元放电模式与普通人不同。与此同时，他们也不像其他人一样在乎奖励。这说明惩罚和奖励对他们影响甚微。他们更倾向于专注做自己的事情，不在乎别人的反应。

> 他骂我的女儿一无是处，能找到他这个傻瓜娶了她真是走大运了。她做了什么让他这么生气？她只不过是告诉他不要对她大喊大叫罢了。
>
> ——诺拉，45岁

他们会使用"认知共情"

煤气灯操纵者似乎能够对你感同身受，但是仔细想一想，你会发现他们在表达共情时，说法非常机械和呆板。他们的反应有些平淡，就像提前演练好的一样，言辞里没有真正的情感。他们是使用"认知共情"的高手，不用感同身受就能表现出共情。

他们拒绝承担责任

都是别人的错，这是煤气灯操纵者的口头禅。正如前面所讲，B群人格障碍患者具有一种"自我协调"的特征。也就是，人格障碍患者认为自己是正常的，其他人都是疯子。他们觉得自己的行为符合他们的自我需求，完全可以接受。这就是为什么很难对人格障碍患者进行治疗，因为他们丝毫不认为自己或自己的行为有什么异常。

曾经有一家人来进行治疗，那个妈妈不想亲自参加治疗，她只想把孩子送过来，让我"治好他"。但是她非常喜欢随时打电话给我，向我抱怨她的儿子简直是糟糕透顶。当我告诉她必须参加儿子的治疗时，她反而指责我这个咨询师糟透了。

——詹森，50 岁

他们用时间来拖垮你

煤气灯操纵者指望用足够长的时间来消磨你的精神。他们同样希望，通过逐渐升级操纵行为，你会变成被温水煮的青蛙。他们会极其缓慢地调高温度，你甚至都意识不到，在心理上自己已经被活生生"煮熟"了。刚刚与煤气灯操纵者开始交往时，一切都完美极了。实际上，好得有些不真实，他们会时刻对你赞不绝口。逐渐地，批评的声音开始时隐时现。他们为什么时褒时贬，甚至出尔反尔？因为他们知道困惑会削弱你的心智，不确定性会使你脆弱。最终，你会对他们无耻的谎言深信不疑，而在你们交往之初，那些是你绝对不会接受的言论。

他们说谎成癖

即使被你当场逮个正着，煤气灯操纵者也会直视你的眼睛，面不改色地说这不是他干的。这会让你怀疑自己是否精神正常——"或许我根本没看到他在干这些事"。这就是他们梦寐以求的——你对他们所描述的"事实"越来越深信不疑。更有甚者，他们可能会告诉你，你丧失了理智。煤气灯操纵者脱口而出的话语毫无意义，他们说谎成癖。因此，请时刻关注他们做了什么而不是说了什么。

他们会刻薄地嘲弄别人

煤气灯操纵者会非常刻薄地嘲弄别人。一开始，可能只是你们两人独处时拿一些小事情来取笑你，比如你的头发看起来如何，或你的口音听起来怎样等。渐渐地，会发展成在一帮朋友面前公然嘲讽你。如果你告诉他们这些嘲弄、模仿让你很不舒服，他们就会指责你过于敏感。这不同于兄弟姐妹之间的偶尔的打闹，或者朋友之间的开玩笑打趣。他们的这种嘲弄是刻薄的、长久且持续不断的。更重要的是，他们对你的反抗置若罔闻。

> 前男友告诉我，我从未在他的手机上看到任何不正当的消息。他居然觉得我失去了理智。我都开始有点怀疑自己了。
>
> ——奥德拉，29 岁

> 我哥哥总是管我叫"窝囊废"。有时候我忍忍就算了，但是后来他当着我喜欢的女孩的面又喊我"窝囊废"，而且语气听起来非常刻薄。我告诉他这样做很不好，他置之不理，只是说，"习惯就好了"。
>
> ——哈维尔，25 岁

他们的称赞暗藏贬低

煤气灯操纵者擅长给出"明褒暗贬"的评价。这是一个由褒扬和贬低组成的混合词。煤气灯操纵者（或者自恋者）从不会真正地夸赞一个人，他的赞美总是会隐含着贬低和被动攻击。

他说我做的晚饭美味极了，我非常开心。接着他又说，他总算教会我做饭了。仅仅几秒之间，我就感觉自己从天堂掉到了地狱。

——米拉，23 岁

他们把自己的情感投射到他人身上

煤气灯操纵者可能分不大清哪些是自己的情感和行为，哪些是他人的。当他们把自己的行为投射到别人身上时，他们毫无察觉。

他们会孤立你

煤气灯操纵者会告诉你，你的亲人朋友会对你产生不良影响，或者和那些你真正在乎的人在一起时，你看上去并不开心。他们也可能会拒绝和你一起参加家庭聚会，因为"你的家人让我很不舒服"，或者其他一些含糊的、没什么实际内容的借口。事实上，他们是希望你最终会选择与之单独过节，而不是费力向家人解释为什么一个人来参加节日家庭聚会。你和家人、朋友联系得越少，他们对你就拥有越大的影响力。

他们会使用"飞猴" ⊖

煤气灯操纵者会尝试通过别人来传递信息，特别是当你

⊖　飞猴：在不良关系中，有第三方在帮腔，附和"我看见了，没错，就是他"，从而使受害者感受到更深的伤害。第三方的加入，使气氛宛如好多猴子在树上跳来跳去、幸灾乐祸。——译者注

终于鼓足勇气，和他们一刀两断时。有些人会在不知情的情况下为他们传话。在第 2 章中，你会了解到更多关于"飞猴"的内容。

他们会告诉别人你疯了

煤气灯操纵者会绞尽脑汁，巧妙地在你和别人之间搬弄是非、挑拨离间。例如，如果你的老板是一个煤气灯操纵者，你辞职以后，同事可能会关心地询问你怎么样了，到底发生了什么，这都是因为老板和他们说要小心翼翼地对你。没有比告诉别人你疯了更有效的诋毁方式了。现在大家都会认为你脆弱不堪、精神不稳定。

他们不会信守承诺

对他们来说，承诺就是用来打破的。他们会把做出的任何承诺当成空头支票。如果你的老板碰巧就是一个煤气灯操纵者，一定记得把他的承诺落实到书面上。在第 4 章，你会对职场中的煤气灯操纵有更深入的了解。

> 前男友和我说，他的老板许诺，在我换了新工作后，前男友也可以一同调换工作地点。但是，当我的新工作定下来后，他的老板却改变主意了。这已经不是他第一次在关键时刻变卦了。
>
> ——杰鲁莎，28 岁

你必须忠于我，但我不必忠于你

他们要求对方有绝对的、不切实际的忠诚，但是不要期待他们会对对方忠诚。在第 2 章中，你会了解到他们因为强迫性不忠而臭名昭著。他们可以对你不忠，但是一旦他们认为你背叛了他们，那你只能祈求上帝保佑了。他们会让你痛苦不堪，生不如死。

他们会落井下石

他们破坏时不满足于适可而止，而是会进一步落井下石。看到别人痛苦，他们会产生一种病态的愉悦感。当知道有人因他们而受苦时，他们会志得意满、兴奋异常。

他们不承认自己造成了问题

他们会指责你或者身边的其他人缺乏理智，把事情都搞砸了。而实际上他们是在为自己开脱，逃避自己的责任。例如，煤气灯操纵者不遵守工作场所的安全规范，置同事于险境。当上级质问他们这些违规行为时，他们会辩称又没有人受伤，这样对待他们不公平。再例如，当老师告诉擅于心理操纵的父母，他们在家里多阅读会有益于孩子的学习，他们会自然而然地将孩子的阅读问题归咎于自己的伴侣，或者指责老师或学校提出这样不合理的建议。

他们会诱人上钩，然后收回诱饵

你的老板经过你的小隔间时，问你是否有时间来讨论一个新项目。你很兴奋，因为这项额外工作可能意味着老板会给你升职加薪。在和老板面谈时，你得知确实有一个新项目——由于有人被解雇了，他的项目便由你来接手。结果，你肩上的担子变重了，钱却一分都没多拿。你还没来得及问任何问题，老板便说自己很忙，把你拒之门外。这是典型的煤气灯操纵行为——通过向人们做出承诺来引诱他们，一旦有人上钩，煤气灯操纵者便收回诱饵。

但有时人们不就是会操纵别人吗

那些为了达到某个目的而操纵别人的人和煤气灯操纵者有什么不同呢？两者之间有一条细细的分界线。某些工作必须要操纵（或者影响）别人，比如销售行业，然而对于煤气灯操纵者来说，这是一种行为模式，是他们的默认模式。也就是说，大多数人说谎是为了特定的目的，比如避免正面冲突、超过别人，或者奉承某人。但是煤气灯操纵者却会毫无原因地撒谎。一旦感受到自己谎言的影响力，他们的这种行为会不断升级。他们就只是单纯地想这样做——哄骗、控制、迷惑你。对他们而言，操纵别人并不是形势所迫，而是一种生活方式。

他们为什么这样做

对煤气灯操纵者而言，他们所做的一切都是为了获得对他人的控制，以满足自己内心无尽的需求与欲望。关于这种心态的形成，有一场关于"先天还是后天"的争论。有些人天生就是操纵者。操纵行为也可以在幼年时从父母或者其他人身上习得。那些孩童时期经历过心理虐待的煤气灯操纵者，会习得"适应不良的应对技巧"来回应他们所遭受的残忍待遇。第 6 章中，你会了解到更多关于家庭中的煤气灯操纵者的知识。

许多煤气灯操纵者有自恋创伤（他们的自我价值和自尊很容易感到被威胁），而自恋创伤会引发自恋性暴怒。这种暴怒并不一定是激烈的，也有可能是平静的，但是同样危险。实际上，当他们满腔怒火时，通常会有一种奇异可怖的平静，足以让你汗毛倒竖。

你为什么要忍受这些

和煤气灯操纵者（可能是伴侣、兄弟姐妹、父母、同事或者其他和你有关系的人）保持关系的人，通常有一定程度的认知失调。当你对煤气灯操纵者的认知与你的信仰、价值观以及你自认为正确的认知相矛盾时，你便会产生认知失调。当处于认知失调状态时，我们通常会按照下面的某一种方式行事：

- 我们会忽略与我们的信仰和价值观相矛盾的信息
- 我们会否认与我们的信仰和价值观相矛盾的信息
- 我们会用与我们的信仰和价值观相矛盾的信息取代原本的信仰和价值观

或许你相信这一切都是正常的。但是要治好认知失调，最好的方法就是重拾自己之前的信仰和价值观，而很多情况下，这意味着你要远离或者至少疏远煤气灯操纵者。在本书中，你会了解如何采用更健康的方式来做到这一点——即使你必须和他们保持某种形式的持续接触，比如你们需要共同抚养子女。

你能做些什么

本书自始至终致力于降低煤气灯操纵者在你的生活中的影响，这归根结底只有一种方法：躲得越远越好。他们非常狡猾，擅于操纵，对你来说最好的应对就是和他们切断一切联系。如果做不到这一点，联系得越少越好。同时不要让他们看到你的焦虑，否则他们会知道自己能够让你焦躁不安。如果你毫无回应，或者表现出毫无兴趣的样子，他们通常会选择放手。

有些人会冲煤气灯操纵者大吼大叫或者对他们实施操纵，试图让他们"自食其果"。短期内这种方法可能会奏效，会让他们受到惊吓并沉默下来。但是千万不要掉以轻心。他们会回来报仇的。这是个危险的游戏。而你要付出什么代价呢？在第 6 章，我们会探讨接收"跳蚤"（从煤气灯操纵者身上学到的操纵行为）意味着什么。这么做毫无用处，无论这样做看起来有多诱人，你也不会想成为煤气灯操纵者。

如果你已经忘了正常的行为方式

如果你和他们相处太久，可能会忘掉心理健康的人是什么样子的。心理健康的人：

- 鼓励别人表达观点

- 言语真诚，言出必行

- 即使不同意你的观点，他们也会支持你

- 如果受到你的伤害，会直接而友善地告诉你

- 能够在情感上产生亲密感，互相分享感受和想法

- 信任他人

- 展示出真诚、可信的行为

⌘ ⌘ ⌘

　　接下来，让我们看看在亲密关系中，煤气灯操纵是如何生效的。那么多善良、聪明、有爱心的人发现自己和煤气灯操纵者纠缠不清，我想告诉你的是：总有解决办法。你不必一直活在他们的魔咒下。

第 2 章

爱情攻势、浓情蜜意、贬低，然后抛弃

亲密关系中的煤气灯操纵

煤气灯操纵在亲密关系中最为常见。操纵者魅力非凡，他们会让你神魂颠倒（我们称之为爱情攻势，在后面还会提到），然后再亲手将你推下悬崖。但是，刚开始时你们的感情是如此得如胶似漆，所以当出现状况时，你通常会感到自责，或者感觉你俩能重修旧好，只是时间早晚的问题。

但回心转意不是煤气灯操纵者的行事方式，最开始的魅力只是整场游戏的一部分。那个完美的人根本追不回来，因为他压根儿不存在。

正如本书引言中所说，煤气灯操纵者可能是男人，也可能是女人。事实上，据我们所知，该现象没有明显的性别差异。我们理所当然地认为男性擅长煤气灯操纵，主要是因为男人大多不愿向他人提及自己擅于情感施虐的另一半，或者谈论这些会让他们觉得尴尬。而当他们终于鼓足勇气谈论这些时，却没有人会相信他们。我写本书的一大目的便是改变这一观点。无论男女，只要是煤气灯操纵的受害者，都有权获得安慰和支持。

与煤气灯操纵者的亲密关系中通常充斥着吵闹和混乱，极易让人觉得羞耻。但是，没必要因为被其吸引而感到羞耻。即使是才华出众、事业有成、眼光敏锐的人同样会被煤气灯操纵者最初的魅力所诱惑。掌握了本章提到的工具和洞察力，你不仅可以分辨出对方是不是煤气灯操纵者，还能够学会如何转身离开。

一旦煤气灯操纵者开始行动，你便会永无宁日。你会深陷泥潭，一直试图搞清楚自己为何会惹他生气，或许你会去网络上寻求帮助，但仍然一无所获。你的家人和朋友都为你担心不已。与此同时，操纵者会告诉你，你的家人和朋友不安好心，你要远离他们。这些都是陷阱。

开始时一切都是那么美好，为什么后来情况会急转直下？

因为煤气灯操纵者擅长引人上钩，然后弃之如敝屣。他们会变着花样抽打你，让你惶惶不可终日。

> 我把她捉奸在床，她却振振有词："我们从没说过要忠于对方啊。"
>
> ——泰德，50 岁

你是说这不是我的错吗

当我告诉我的来访者不是他们的错时，他们通常会感到如释重负。人们通常会因为对方的行为而自责：是我不够好，他才会这样。当你和煤气灯操纵者谈恋爱时，他们会为自己做的事责备你。这就是典型的投射。

一个背叛者会不断指责另一半不忠，这就是煤气灯操纵中的投射。他会说"你和同事关系暧昧不清，我心知肚明"，或者"我看到你和他眉来眼去"，又或者"你和朋友出去怎么穿得这么放荡？是打算和谁私会？"实际上，一直出轨的却是他自己。

切记，煤气灯操纵者会颠倒黑白。一旦你察觉自己因为对方的不当行为或对方对待自己的方式而自责，请务必换一种思路。本书会不断提到如何做到这一点。

> 一直以来，我都以为他变成这样是我的错。
>
> ——夏尔曼，28 岁
>
> 她变成如今这个样子难道不是我的错吗？
>
> ——约翰，43 岁

煤气灯操纵者与性

感情刚开始时，煤气灯操纵者擅于伪装，举止浪漫，受害者会以为一段美妙的情缘已悄然降临，但是他们无法善始善终。很快，在性关系中他们便开始变得自私，只关注自己的愉悦，不顾及你的感受。你只是碰巧出现，作为达成他们目的的一个手段。很快，你便会觉得自己只是一件道具，而不是被爱惜和珍视的恋人。

同时，煤气灯操纵者会设置或隐性或直白的性规则。比如：

- 他们想亲热时，你应该积极配合
- 你提出要求时，他们有权拒绝

- 他们会通过拒绝同房来惩罚你
- 如果你不满足他们的需求，他们就会极力贬低你
- 他们会告诉你，如果你能改变一下外形，他们会对你更感兴趣
- 他们毫不在乎你是否有性愉悦

通常，如果你拒绝了某种性行为，他们会反复施压，让你顺从。施压方式多样，从哄骗到强迫。

他们同样无法接受自己的性要求被拒绝。作为惩罚，他们会反复强调不会再主动，让你记住自己的错误并改正反省。更多关于煤气灯操纵与性骚扰、性虐待的内容，请参阅第 5 章。

煤气灯操纵者与不忠

煤气灯操纵者在婚姻中又是如何欺骗伴侣的呢？从下面的两个例子中可见一斑。

约翰现年 43 岁，自从他新招了办公室助理珍妮以后，妻子玛丽便深信他们两人有染，即使约翰再三澄清他们只是普通同事也无济于事。他实在搞不清楚玛丽为何会一口咬定他出轨了。玛丽开始在网上跟踪珍妮，给她打威胁电话。珍妮不堪其扰，忍无可忍，只能申请了对玛丽的限制令。玛丽还对约翰进行了身体上的虐待——有一次她抓起一个大花瓶直接朝他扔了过去，险些砸中他的头。事后，她辩解说自己并不是真的想要伤害他，不然，约翰早就脑袋开花了。玛丽告诉约翰，珍妮曾数次给她打来电话，细数他们"无中生有"

的婚外恋情。一旦约翰询问珍妮具体说了些什么，玛丽便会反唇相讥："我知道的可太多了，你想知道什么？"约翰对于玛丽的过激行为自责不已。他觉得肯定是自己做错了什么，激起了玛丽如此极端的行为。

玛丽的行为已经远远不止是非理性的嫉妒了。她是在对约翰和珍妮实施煤气灯操纵，以获得对丈夫的控制权，尤其是在他离家的时候。

即使约翰曾经出过轨，玛丽的行为也不合情理，过于极端。对于心理健康的人来说，无论他们认为配偶做过什么过分的事情，他们也不会跟踪或者骚扰他人。在姐姐的催促下，约翰参加了为期数月的个体治疗。他意识到自己在婚姻中受到虐待，并选择离开了玛丽。约翰从家里搬走之后，玛丽再也没有和他联系过。所有的离婚程序都直接由她的律师办理。后来，约翰参加了教授如何识别危险警报的心理治疗，以便他在重新约会时能加强防范，不会重蹈覆辙。

在过去的一个月里，布莱恩察觉到萨拉回家比以前晚了。她之前一直是晚上7点到家，现在则推迟到了晚上9点，而且几乎不会打电话或发短信提前通知一下。布莱恩又等了一个月，才鼓起勇气询问萨拉工作上是不是发生什么事情。他甚至直截了当地问她是否出轨了。他本想早点当面摊牌的，但是他担心萨拉会像之前一样，变得对他冷如冰霜，拒绝和他交流。

萨拉的反应极其冷淡，她说自己不明白布莱恩在说什么，她一直都是晚上9点下班回家。然后，她又说自己最近一直担心布莱恩的精神状态，怀疑他才是对感情不忠的人。此后，虽然问题未能得到解决，但布莱恩再没提起过这件事，他甚至试图说服自己，可能萨拉说得对，她一直都是晚上 9 点到家的。

　　萨拉告诉布莱恩，他只有接受心理治疗，才能搞清楚自己为什么要疑神疑鬼。她陪他参加了一次治疗，但是一开始她就向咨询师大吐苦水，说不知道布莱恩发什么神经，简直让人忍无可忍。接下来，萨拉总是带着浑身酒气，醉醺醺地回到家。布莱恩曾试图把萨拉的不当行为以及自己的种种猜测抛于脑后。直到有一天晚上，萨拉在家中给对方打电话被布莱恩抓个正着。被质问时，萨拉仍矢口否认出轨。最终，萨拉一个同事的妻子联系上了布莱恩，他才得知了真相——原来，萨拉和那个同事至少已经维持了半年的不正当关系。当萨拉最后离开时，她对布莱恩说："是你不够好，我才会去别处寻找陪伴。"布莱恩回想起他们俩第一次约会时，萨拉就坦言自己当时正在和男友同居，而他却没察觉到这是个问题，当萨拉最终决定搬来和他同住时，他完全沉浸在"赢得"萨拉的喜悦中。直到现在他才如梦初醒，终于明白萨拉当时的出轨、投入一段新感情就是一个危险信号。从此以后，在做出承诺之前，他会留意这些警报信号。同时，他开始反思自己为何会被萨拉这样的人吸引。

　　我曾多次目睹这些发生在煤气灯操纵的受害者身上的故事，它们拥有一些共同的主要特征（Sarkis，2017）。擅长煤气灯操纵的人：

- 一旦被抓到出轨，他们的配偶会因为害怕暴力或报复而选择沉默
- 在之前的恋情中曾多次出轨
- 公开炫耀出轨行为，很确定配偶不会与他们对质
- 把自己的出轨行为投射到配偶身上，以转移对方对自己出轨的关注
- 为掩盖出轨行为，改变日常作息和行为方式，但当被质疑时，会矢口否认
- 对于配偶某个初露端倪的"不当行为"反应极其过激，包括跟踪和威胁对方
- 在夫妻心理治疗中，一开始就告诉心理咨询师一切都是配偶的错。暗示或者当场直言只有配偶被治愈，婚姻才能继续
- 双方刚开始约会时，便不断释放危险信号。但是他们的配偶或者没有捕捉到这些信号，或者选择无视它们
- 将自己的出轨归咎于配偶，经常声称对方没有满足他们的需求
- 从不主动道歉，反而期望配偶道歉
- 认为自己受到了冤枉，而这一切只是无端的臆测
- 被指责或发现出轨时会立刻抛弃配偶，拒绝沟通，仿佛对方从地球表面消失一样

再次重申：没有人会导致对方出轨，这一点怎么强调都不为过。配偶出轨，不是你的错。出轨是他的选择。他有很多选择，包括在对感情有顾虑时和你沟通，积极参加夫妻心理治疗，或者干脆终止这段感情。而他却选择了出轨。

无论你的配偶怎么说，他出轨并非因为你做得还不够好，这一点同样值得注意。出轨是因为煤气灯操纵者渴望得到新鲜感和关注。即使你完美无缺，他们的需求仍然是一个永远无法被填满的无底洞。不管你怎么做，他们出轨都会反过来指责你。

煤气灯操纵者不会承担个人责任，他们深信一切都是别人的错，而且他们几乎不会共情或懊悔。这是我之前提到过的"自我协调"的另一个例子。

爱情攻势、浓情蜜意，然后"石墙"（凭空消失）

乔茜对杰米一见钟情。第一次约会时，杰米就对她说："我知道现在说这些还为时过早，但是我觉得，我们会幸福一辈子。"杰米送给乔茜一大堆礼物，多次一起出游，并和她说："我从未对别人如此心动过。"约会第一周，他就和她谈起婚姻和孩子。杰米的殷勤让乔茜心动不已，如浴爱河。最终，她和其他朋友都断了联系，整日只和杰米卿卿我我。杰米曾说，那些狐朋狗友只会把乔茜带坏，不和他们在一起她会更快乐。"我从未被如此深爱过，仿佛置身神坛。"

经历了几个月的"福佑"之后，杰米开始了对乔茜的"石墙"策略——他完全无视乔茜的存在。乔茜对个中缘由一头雾水，她绞尽脑汁想找出原因。杰米也不回电话，乔茜表示："这让我十分焦虑，更加频繁地和他联系。"

乔茜的姐姐让她别再主动联系杰米，等待杰米的回应。"这是我最难做到的事情之一，因为我仍然不知道自己做错了什么。"接下来，乔茜耐住性子，等待杰米的电话。同时，她在互联网上四处搜寻相关文章，想知道当被对方忽视时应该怎么应对。

两周后，杰米发了条信息："你的自行车在我这里。"乔茜说自己当时心怦怦直跳，内心七上八下。她立刻回了信息："你还好吧？你在哪里？"没有任何回复。她痛哭一场之后，又给杰米发了条信息："我受不了了，我实在无法理解这一切。"

几小时后，杰米来敲门了，带着她的自行车，还有一束花。"他和我说我们现在一起去骑车吧，就现在。对这个建议我不太能接受，但我还是去了。"在骑车的时候，杰米对于他的突然消失和拒绝沟通绝口不提，他反而提议我们同居。"似乎什么都没有发生过。我想他可能只是需要一点空间。"

和好的两个月后，杰米又开始了冷暴力——这样断断续续持续了两年。他的借口也变得"越来越敷衍"，"我们没有了之前的'蜜月期'。"之前主动邀乔茜搬来同住的杰米说他改变了主意。乔茜说："他的理由是我精神状态不稳定。他总是用未来的承诺来套住我，然后再亲手把这些承诺打碎。"

后来乔茜这样评价杰米："回想起来，杰米表面上看起来很棒——聪明、有教养、风趣……但是现在仔细想想，会发现一开始就有很多危险信号。他几年前就和兄弟姐妹断绝了来往，他总是将自己不能升职归咎于同事。随着交往深入，他对我的批评也开始越来越多，尤其是我无法改变的部分，比如我的家人。"

爱情攻势

在确信你上钩之前，煤气灯操纵者十分擅长隐藏自己的异常。当你的伴侣第一次公然撒谎时，你甚至会认为一定是你听错了。毕竟，那个如此深爱你的人是断不可能这样做的。但是，他真的会，而且他会继续公然撒谎。他们会逐渐侵蚀你对现实的感知，直到你认为没有他们，你就无法正常生活。

爱情攻势是煤气灯操纵者让你上钩的一种方式。在乔茜和杰米的例子中，杰米送给乔茜很多礼物，给她描绘她梦想中的两个人的将来。同时，杰米集中火力，很快便赢得了乔茜的承诺。当一个煤气灯操纵者对你施展爱情攻势时，你很难脱身。你陶醉在狂轰滥炸的关注与爱意中无法自拔。从未有人这样珍视你。你会觉得幸运无比：终于有人用你想要的方式来爱你了。他把你放在神坛上膜拜，这感觉太好了。不幸的是，你终将跌下神坛，而且坠入深渊。

浓情蜜意：在劫难逃

在探讨煤气灯操纵时，我们通常使用"浓情蜜意"这一词语来形容当你萌生退意时，他们会千方百计将你吸引回去。当杰米切断与乔茜的联系，而乔茜不再苦苦寻找他时，他会立刻猛扑过去，并主动提议她搬来同住。一旦煤气灯操纵者嗅到你有一丝放弃的气息，他们便会竭尽全力地让你回心转意。他们会全面出击，将你牢牢控制在他们的魔爪之下。

煤气灯操纵者最恐惧的就是被抛弃，这种被抛弃的感觉也是一种"自恋创伤"。他们时刻需要被关注的欲望如同一个无底洞。即使竭尽全力，也没有人能填满这一欲望深洞。让他们总会转投他人或他物的怀抱来填补空虚。一旦寻到替代者，你便会成为烫手山芋，让他们避之唯恐不及。这一切令你迷惑不解、心碎不已。当你第一次看到他们揭下假面，见识到他们的真实面目时，你会吓一大跳。

你会因为在恋情伊始没能察觉到煤气灯操纵者的不稳定而自责，这很正常。一定要牢记，他们是伪装成"正常人"的大师。实际上，在约会和恋爱初期，很多人都会对对方甜言蜜语，殷勤备至，爱情攻势只是表现得更夸张一些罢了。你们彼此吸引，心动不已、心潮澎湃。差别在于：在健康的恋爱关系中，你们仍彼此独立、行为自主。你想要得到对方，但不是必须。在爱情攻势中，煤气灯操纵者往往过分地表现出殷勤和体贴，他千方百计地隐藏那个缺乏安全感的真实自己，想让你无法离开那个他在你面前塑造的假人。

煤气灯操纵者会适时出招，让你心甘情愿地沦陷其中、任他摆布。他可能会用许诺或者暗示来投你所好，让你越陷越深。如果在恋爱初期你们曾提及婚姻，后来你再提起时却没了下文，那么他可能会在无缘无故消失或沉默一段时间后突然宣称自己已经准备好步入"婚姻"的围城——正如在乔茜的例子中，是杰米主动提议她搬去同住。切记：这些许诺永远不会成真。对于如何用你渴望已久的诺言将你牢牢束缚住，他心知肚明。

通常，煤气灯操纵者也会使用某些物品让你再次上钩。他会给你发信息或者邮件："你有东西在我这里。赶紧来取，不然我就把它丢大街上了。""你的椅子（或自行车、衣服）还要不要？"这时一定要明白，他们并不是真的要把东西还给你然后一拍两散，这只是他们重新联系你的借口而已。

身体接触是煤气灯操纵者善用的另一种方式。你可能会体会到无与伦比的性，似乎他们真的和你心有灵犀、灵肉合一。但这只是他重新诱你上钩，让你乖乖就范的另一个伎俩罢了，不会持续太久。

最让人困惑不解的一点是，与煤气灯操纵者的恋情并非总是痛苦不堪。这与所有其他的虐待关系并无二致。当他想方设法要重新得到你时，一切仿佛回到了恋情伊始，他对你殷勤体贴、呵护备至，让你感觉甜蜜无比。此时，你把所有的猜疑和不确定抛到九霄云外，但待他目的达成后，一切的甜蜜便会烟消云散。

对于煤气灯操纵，最重要的莫过于看清他们的行为模式，在自己遭遇操纵时，才能了然于心。

> 我只能明确地表示她要向我道歉。即便如此，我也只得到了一句："你太敏感了，我很抱歉。"
>
> ——利兹，60 岁

石墙：凭空消失或沉默

本章中我多次使用了"石墙"这个词，但没有对其进行详细解释。当煤气灯操纵者做错事被发现，却感觉自己不应该受此对待时，或者为了方便不愿提及某事时，他们会选择用消失或者沉默来回应你，这就是"石墙"。如果你们不住在一起，你会见不到他，也联系不上他。他不回信息，也不接电话。与此同时，你却因为他的消失而日渐焦虑。在乔茜和杰米的例子中，杰米就是这样对待乔茜的；他多次长时间地凭空消失、切断联系，然后在他想出现的时候重新出现。

煤气灯操纵者的沉默是对你无尽的折磨，他难道不会感到不安吗？一点儿也不。他们会因为你的焦虑不安而暗自欢喜。如果你们住在一起，他甚至会把你当成空气，即使你近在眼前，也对你表现出视若无睹的样子。

应对这类行为的最佳方式是什么？你也选择沉默。不要受他们行为的影响。实际上，他们是想用消失或者沉默来获得回应。不要给他们任何回应。表现得似乎他们的行为对你毫无影响。事实上也是如此。谨记，煤气灯操纵者对你没有任何实质的影响力。

与煤气灯操纵者分道扬镳

如果你在考虑和煤气灯操纵者结束关系，或者已经划清界限，请务必接受心理咨询。你极可能会感到孤立无援、焦虑抑郁，这些都是与有虐待倾向的人分手时的常见症状。即使与他们分开很长时间以后，你仍可能会有这些感觉。你正在学习如何重拾自尊、重塑自我认知、重建生活。更多关于心理咨询的信息，请参阅第 10 章。

记住，长痛不如短痛。如果你深陷与煤气灯操纵者的恋情之中，请一定要结束它。这是一种充满虐待的关系，而且它不会有丝毫改善。请务必摆脱这种关系。如果可以，请在家人和朋友的帮助下，从下面几点做起：

- 为电子邮件设置拦截规则，屏蔽他所有的邮件
- 屏蔽他所有的电话和信息
- 屏蔽他朋友的电话
- 屏蔽他父母的电话
- 在社交网站上解除和他的好友关系，屏蔽他的信息
- 在社交网站上和有可能告知他你的活动或近况的人解除好友关系
- 如果有可能，搬到一个不大可能碰到他的住处
- 如果无法搬家，远离他经常去的地方

请务必结束这段感情。这一点再怎么强调都不为过。煤气灯操纵者只会让事情变得更糟。可能这一次，你足够幸运，他的出轨对你影响不大……下次可就难说了。只要你不离开他，肯定会有下一次。而且，如果你继续忍耐下去，他便有理由相信，无论他怎么盘剥你，你都不会离开。

　　离开煤气灯操纵者的过程举步维艰。可能你会觉得这在短期内根本无法做到，可能你会认为离开他是一大解脱——实际上，这会让你体会到从未有过的心痛。你怎么会如此轻易被骗呢？所有的男人或女人都是这样吗？答案是否定的。并不是所有人都如此。

　　未来可期，前景光明。这段感情并没有滋养你的灵魂，帮你成为更好的自己。恰恰相反，它榨干你的精力，加重你的抑郁，让你变得焦虑无比。结束这段感情时，你已身心俱疲、不复从前。难道你不想重新变回那个快活自在、朝气蓬勃的自己吗？这一切都是可能的。

> 我不知道他的行为会对我造成什么后果，所以我一直和他在一起，并为他辩护。他非常聪明，跟踪我时都可以把警察骗得团团转，最后获得无罪释放。
>
> ——黛西，50 岁
>
> 离开是如此艰难。举步维艰。对别人来说可能会容易一些。"他对你太糟了，离开他吧。"但是有时候，你真的觉得离开他就无法活下去。
>
> ——温妮，53 岁

搬离

> 说实话，如果没有法律帮助，我真不知道自己会做出什么事来。在我离开他时，法律部门帮助我，并保护了我和孩子……不然，我都不知道怎么熬过那些日子。
>
> ——谢瑞兹，36 岁

如果有东西落在煤气灯操纵者的家里（或者你们共同的家里），让别人帮你去拿回来，或者让警察陪你一起去取。首先，想一下自己是否真正需要那些东西。它们价值不菲，还是意义特殊？如果都不是，那就把它们当作你恢复神智、重新清醒的代价吧。另外，对自己要诚实。你是真的需要这些东西，还是想以此为手段重新与他取得联系？正如我之前所言，煤气灯操纵者让你心向往之、欲罢不能。和他的任何联系都有可能让你重温噩梦，而且这一模式永不会变。离开他们很难，但是为了你自己的身心健康、幸福生活，一定要坚强起来，当断则断。

如果煤气灯操纵者要来你的住处取东西，一定要找人陪你一起。如果可能，请做好以下预防措施：

- 提前把煤气灯操纵者的物品放到车库或其他地点，如租来的储物间，这样他就没有理由随意出入你的住处了
- 尽快更换门锁或门禁密码
- 如果你住在封闭的小区，或者住处设有门卫，又或者你雇人做家务，马上告知他们不许此人以任何理由进入你家。提供煤气灯操纵者的姓名和照片给他们。如果你不愿提供，确保保安和门卫能时刻保护你的安全
- 更改无线路由器、电子邮箱及其他网络账户的密码
- 考虑安装网络摄像头或其他形式的安保措施。有些煤气灯操纵者可能擅长非法侵入网上账户，在网上跟踪前任，威胁网络安全系统
- 从搜索引擎上移除你的姓名和联系信息

如果你在美国，一旦觉察到你或家人有生命危险，立刻联系法院申请对煤气灯操纵者的限制令。由法官颁发的限制令可以禁止某人联系你，禁止他出现在你或你的住处周围。限制令无法禁止煤气灯操纵者跟踪你或者威胁你，但是你可以把他们的所作所为报告给警察，他们有可能会因为违反限制令而被捕入狱。由于煤气灯操纵者对受害人的影响力巨大，完全摆脱他们非常困难。即便如此，受害人仍需遵守限制令的原则要求，任何情况下都不许联系他们。

做好记录，保留文件。无论前任直接联系你还是通过别人联系你，都要记录好日期、时间以及具体事件，包括他的原话。你可以借助手机上的笔记类应用软件或笔记本来帮助记录这些信息。一旦需要警察或律师参与，把记录的信息展示给他们会简化流程，也能更好地帮助他们。

你所在的社区很可能会提供免费的公益法律服务，家暴庇护所也可以收留你。精神虐待、语言虐待、身体虐待都属于虐待。

与煤气灯操纵者分手以后，你可能会日益消沉、沮丧绝望，甚至会伤害自己，这都很正常。对于如何让你完全依赖他们，打碎你的自尊，磨灭你的自我价值，他们是个中高手。一旦你觉察到有自我伤害的苗头，请立刻拨打当地的自杀危机干预热线寻求专业帮助。

飞猴

一旦你和煤气灯操纵者分手了，不知实情的朋友和亲戚可能会接近你，告诉你他们觉得你应该再给他一次机会。他们甚至会指责你过于敏感或难以相处。煤气灯操纵者极有可能联系了这些人，鼓动他们这样做。这些心甘情愿（有时头脑昏庸）地听候煤气灯操纵者差遣的人，就是所谓的"飞猴"。这一词语出自童话故事《绿野仙踪》，指那些陪伴西方恶女巫、长有翅膀的生物。煤气灯操纵者派这些信使们出面，让你心生愧疚，乖乖地重投他们的怀抱。飞猴们通常这样劝你：

- 我真心觉得你应该再给他一次机会
- 我确定他肯定不是这个意思。你也知道，你有时很难相处
- 他现在很难过。我觉得你应该给他回个电话
- 他说要把你剩下的东西都扔到大街上去
- 你们两个真的是天生一对
- 我听说他有心仪对象了，他俩好像还挺配的

明确告诉这些好心人，任何情况下，你都不会和他们谈论你的前任。如果他们再次提起你的前任，马上让他们住口。在某些极端情形下，你可能要减少甚至切断和飞猴的联系。

孩子

如果你和煤气灯操纵者育有孩子，请放心，在第 8 章中我们会讨论如何应对。在这种情形下，你无法完全切断与他的联系，但仍有解决之道。比如，你雇用或者请求指派一名家长协调员，便能帮你应付共同抚养孩子的复杂关系。

宠物

如果你和煤气灯操纵者共同养有宠物，即使是你们一起养的，也要把宠物一起带走。否则，你的宠物会处于危险之中。他们会利用宠物把你追回来，甚至会伤害宠物或威胁伤害宠物来报复你或吸引你的注意。如果他们拒绝把宠物还给你，请向警察和律师寻求帮助。

可能煤气灯操纵者已经虐待了你的宠物。正如在第1章中所言，他们对其他生物的感受或遭遇无法感同身受。绝不要把你的宠物单独留给他们，你的宠物极有可能会"突然跑掉"或者被杀死。

如果是在你们感情开始之前，煤气灯操纵者自己养的宠物，你可能无法带走它，但当目睹或怀疑有任何虐待行为时，你仍然可以上报。擅于心理操纵的前任极可能会四处炫耀对你的宠物的所有权，你要有心理准备。我的某位来访者的前妻在社交媒体上发布了无数张他的狗与自己现任男朋友在一起的照片。

我知道这很难接受，但是你必须向前看。

拿不准你是否应该离开

如果你不确定自己是否应该离开，静下心来想一个你崇拜的人，可以是你家庭中的一员，也可以是某个你素未谋面的人。在这种情况下，他会怎么对你说？如果你的朋友身处这般困境，你会怎么和他说？很可能你会说："离开吧。"

扪心自问，在这段感情中你获得了什么。这段感情有什么优点和缺点？在你看来，一年后这段感情将会何去何从？

五年后呢？如果现在你连一年以后的状况都无法想象，那就是该转身离开的时候了。

你的需求都得到满足了吗？你倾注了大部分时间来满足煤气灯操纵者的需求，可能你都不记得自己的需求了。人在一段感情中的健康需求包括：

- 被倾听，被聆听
- 毫无保留地做自己
- 身体上的呵护与爱意
- 安全
- 受到尊重

这段感情是否符合你的核心价值观？如果你深陷这份感情已久，可能自己都搞不清自己的观点和价值观了。究其原因，是煤气灯操纵者逐渐蚕食了你的自信，你已丧失了主见和信念。与他共处一段关系后，你会感到茫然，不知所措。这是正常的。

一个人的价值观包括：

- 诚实
- 善良
- 安全和保障
- 乐于助人

你的另一半经常会嘲笑你什么？有什么活动你过去非常

喜欢，而你的另一半却说它们愚蠢透顶，毫无意义？现在赶紧行动，重启这些活动。你很有可能会从中重新找回遗失的自我。

你有没有因为煤气灯操纵者的诋毁而刻意疏远某些人？你是否愿意和这些人重新取得联系？如果愿意的话，你可能要结束与煤气灯操纵者的这段感情了。

记住，结束一段感情，可以不需要任何理由。同时不要心存幻想，想体面地结束和煤气灯操纵者的感情，这几乎是不可能的。这一过程会痛苦不堪、困难重重，但是你最终会安然无恙。可能现在不会，最近也不会，但终有一天，你会恢复如初。

⌘ ⌘ ⌘

现在，我们来看看约会时如何识别出煤气灯操纵者，这样你就不会陷入与他们的感情纠葛了。一旦你能熟悉并意识到他们的"话语"，你就不会轻易受到他们的控制。在第一次约会之前，煤气灯操纵者便会显露出某些操纵行为。

第 3 章

激情、自信以及失控

如何避免爱上煤气灯操纵者

> 在我们第二次约会时，他说起他的上一段婚姻如何幸福。我问他为什么会离婚，他直接说："不关你的事。"这应该就是一个线索。
>
> ——麦琪，27 岁
>
> 我肯定是吸引操纵狂的体质。可能是我太友善，总是能看到每个人的优点。我不会因此而心生怨恨，不然他们就赢了。
>
> ——瓦妮莎，24 岁

通常，和煤气灯操纵者正式交往之前，你就可以发现很多警告信号。事实上，在与他们的约会初期，便会有迹象表明和他们纠缠在一起是不会幸福的。

你要预先知道：煤气灯操纵者一般居住在大城市。只有隐瞒好身份才能成功地实施操纵。在大城市中，他们的不良行为不大可能人尽皆知。比如，你碰巧遇到他的某个前任的可能性很小。当然，如果你居住在城市中，也不可能因此便拒绝城市中所有符合条件的对象，但这一点是煤气灯操纵者的一个特征，请务必记在心里。

由于同样的原因（便于隐瞒身份，不太会偶遇前任），网上约会也成为煤气灯操纵者的福音。当然还有其他原因，我们待会儿会谈到。同时，我还会列出一张初次约会的红色警报清单，探讨他们是如何锁定易于捕获的猎物的，以及当直觉告诉你不对劲时，你要如何避免与他们产生感情纠葛。

网上交友约会

现在手机应用和交友网站已经成为我们交友约会的默认方式。相较于传统的方式（朋友介绍、酒吧、社交聚会、工作），通过网络来认识潜在的交往对象会更容易一些。我们时时刻刻都在使用数码产品，它们更高效，而且避免了面对面的尴尬和风险。在和某人真正交谈或者面对面交流之前，你便有可能对他心生好感。但是事物都有两面性，网上交友约会的缺点便是你很可能沦为煤气灯操纵者（或其他变态）的猎物。

煤气灯操纵者如此钟情于约会交友软件和网站并不奇怪。在个人资料中，他们可以伪装成任何人。他们可以甜言蜜语、投你所好。网上交友帮助他们认识更多的人（潜在的猎物），而且他们能从个人资料中一眼看出人们的弱点——我们通常会在不经意间透露这些线索，而一旦他们识别到这些线索，便会击溃我们的第一道防线。

为什么他们会锁定你

在所有的网上交友约会资料中，为什么煤气灯操纵者独独选择了你？你可能会一头雾水、毫无头绪，或者归咎于自己。记住，你不是唯一的受害者。得益于高效的约会交友软件，他们通常会有很多潜在的猎物。

正如在第 1 章中所言，煤气灯操纵者擅长制造匮乏感，而网上约会交友让这一切更为可行、更易操作。你正和某人聊得热火朝天，他突然消失了。你满心疑惑到底发生了什么。你查阅文章想搞清楚他是否对你有意思。你试图说服自己，男人如同橡皮筋——你越靠近他们，他们越会后退。就在你决定放弃时，他出现了。他成功地激起了你的匮乏感。

如果你能控制住感情，不露声色、若无其事，你很可能会通过"测试"，他们会继续和你保持联系。如果你问题太多，比如"你为什么不回信息？"他们很可能会视你如烫手的山芋，指责你太过黏人。

究其原因，从你的反应中，煤气灯操纵者感觉到将来你很可能会让他为自己的行为负责，而这是他避之不及的。与某人开始一段感情的方式，通常会决定这段感情的走向。如果一个人在第一次约会之前就突然消失，并不对此做出任何解释，你觉得你们今后的交往会如何发展？

当遭遇到那些突然消失，然后再次出现的人时，最佳应对方案便是不做回应，继续自己的生活。

如果你的网上个人资料表明你：

- 恋爱的空窗期很久
- 曾经有过多段婚姻
- 似乎很有钱
- "你总会看到每个人最好的一面"
- 过去没有被善待过
- 认为你的前任很糟糕
- 想马上生孩子
- 从未遇到真爱
- 喜欢冒险
- 很淘气、坏、狂野

写了这些描述相当于在自己的额头画了一个靶心。这些正是煤气灯操纵者苦苦寻觅的脆弱之处。他们通常会得出一个与事实相差无几的假设：如果你暗示了上面提到的某些点，那么你更可能会上钩，并对他们的不良行为更为宽容。

你可能会想，为什么有人在个人资料中写这些东西？很少有人会写这么多。但是我们经常会在不经意间暴露了自己。我们通过暗示传递很多信息。

- "我已经做好被善待的准备了。" = "过去我从未被好好珍惜过。"
- "我已经厌倦浪费时间了。" = "我很担心永远碰不到合适的人。"
- "我总是看到每个人最好的一面。" = "我可以原谅你对我撒谎。"

因此，你应该在你的个人资料中写些什么才能成功避开煤气灯操纵者？界线很微妙，但是最终你要展示出你积极和幸福的一面。相比积极、乐观又独立的另一半，他们更喜欢需要关爱、感情脆弱和受过伤害的另一半。

第一次约会时的红色警报

我知道这次约会不成功。约会对象说了一些冒犯我的话，我告诉他我们不可能有进一步的发展，我要提前走。他用拳头狠狠地捶桌子，说我现在还不能走。那一刻，我知道我必须马上离开。

——莎莉，35 岁

我们约会时他首先说了什么？他的前妻和他的母亲，而且对她们极尽贬低。

——杰西卡，30 岁

煤气灯操纵者最难对付的一点是，在你上钩以前，他们极其擅于掩藏自己的真面目。法学博士温蒂·帕特里克（Wendy Patrick）在 2017 年 12 月的"今日心理学"上发表了一篇题为"危险的第一次约会"的文章。文中提到，在恋爱初期，邪恶的行为可以被伪装成充满魅力的优点。然而，随着恋情发展，保护欲转变成占有欲，安慰转变成控制，自信果断的举止转变成攻击行为，激情四射的行为转变成暴力行为，坦率直接的个性转变成粗暴无礼，自信转变成傲慢。

约会时一定要留意这些行为。例如，约会时你并没有说自己想吃什么，对方自作主张替你点餐，你可能会觉得对方在照顾自己而暗自欣慰，实际上，这正是控制型人格的一个标志。一开始会感觉很美好，但是一旦步入现实，对方会试图控制你所有的选择。

与煤气灯操纵者第一次约会时的红色警报包括：

- 他们告诉你，你是他们见过的最美丽、最奇妙、最了不起的人
- 他们会与你谈到长期的承诺
- 他们会谈到生孩子——不是泛泛而谈，而是明确是和你一起
- 他们会长篇累牍地谈论自己……几乎无视你的存在
- 他们告诉你自己曾在上一段感情中出轨
- 他们告诉你自己不堪的家庭历史
- 他们不问任何关于你生活的问题
- 他们不愿提及自己的家庭
- 他们自作主张替你点餐
- 他们没有基本的餐桌礼仪
- 他们对服务生态度粗鲁
- 他们提起要和你同居
- 他们很快开始和你牵手或者进行其他身体接触
- 他们侵犯你的私人空间
- 他们告诉你之前的另一半糟糕不堪
- 他们长时间地谈论自己之前的感情经历

- 他们告诉你他们一般无法做出承诺，但对你可能是例外
- 他们对自己的工作语焉不详
- 他们的故事与你在网上看到的不一致
- 他们的故事前后矛盾
- 他们大谈自己的房子车子，却没有开车来约会
- 他们衣着邋遢
- 他们穿着表明自己社会地位的衣服来赴约（例如，穿着外科手术服来赴约，但真正的外科医生绝不会这样做）
- 他们多次提及名人（告诉你他们和名人是同事或朋友），试图给你留下深刻的印象
- 他们说自己的工作待遇丰厚，却让你请客（他们会说自己忘了带钱包等）
- 他们会谈起自己在国外的旅行，而且内容听起来不切实际，像是凭空臆想出来的（因为国外旅行更难查证真伪）
- 他们总有理由解释为什么你查不到他们的相关信息（他们的身份被盗等）
- 他们很少和你进行眼神接触
- 他们魅力四射，却感觉不真诚
- 他们会提及自己有无数选择，却最终选择了你
- 当被要求离开时，他们拒绝离开
- 他们阻止你离开

同样地，单单符合其中的一条并不一定意味着你在和煤气灯操纵者约会，但是请一定留意，通常会有迹象。

自恋的诱惑

有时候，煤气灯操纵与自恋非常相似。自恋的人通常表面上看起来很完美。煤气灯操纵者则完美得不真实——他们本来就不是真实的。他们可能受过良好的教育，很有权势、魅力四射，但同时他们也恰巧是危险的操纵者。他们身上流露出的自信是你从未见过的，让你沉醉不已，但很快你会意识到这只是他们行为模式的一部分，是出于自私和无休止的自我肯定的需要。

出轨史

煤气灯操纵者因为在感情中不忠而臭名昭著。如果你的约会对象告诉你，她曾在上一段感情中出轨，一定要注意这个红色警报。美国丹佛大学的心理学家凯拉·诺普（Kayla Knopp）及其同事的一项研究表明，在前一段感情中出过轨的人，在目前关系中报告出轨的可能性是在之前关系中忠诚的人的 3 倍。

如果你的约会很完美，你可能会心存侥幸，认为你的约会对象只是犯了一次错，这并不会对你造成影响，或许她说自己已经改过自新，但请一定三思。出轨者通常会将出轨作为一种行为模式，出轨一次，一生不忠。如果你遭到背叛，这会在你心中播下怀疑的种子，影响你以后的每一段感情。你会变得对潜在的另一半半信半疑、疑神疑鬼。事实上，根据凯拉·诺普的研究，相较于没有遭遇过出轨背叛的人，那些遭遇过出轨背叛的人对现任伴侣产生怀疑的可能性是前者的 4 倍。

他们会逼你喝酒

煤气灯操纵者经常会未经你允许给你点酒。如果你自己不点酒，他们会哄骗甚至威逼你点酒。究其原因，喝酒会让我们放松戒备，变得不再那么拘谨，从而增加我们做出错误选择的可能性。

第一次和不认识的人约会时，最好不喝酒。如果你选择喝酒，一定要看好自己的酒杯。你一定听说过有人偷偷往饮品里放药，这会极大地增加你被侵犯的可能性。本章后半部分会详细阐述为什么煤气灯操纵者倾向于侵犯他人。

他们不使用社交媒体

煤气灯操纵者是出轨的惯犯，因此，为了避免被抓到现行或者在某个不应该出现的地方被认出，他们会避免使用社交媒体。如果你的约会对象告诉你他不使用社交媒体，可能他确实是不喜欢，但我还是建议你进一步询问一下原因。他们通常会含糊其词，不做确切的解答。如果他们说"我就是不喜欢用"或者"我没时间"，你就要提高警惕了。

相信自己的直觉

我们大都会有某种预感或第六感，觉得事情不大对劲，这些直觉通常会很准。如果你感觉身处某处或者与某人为伴不太安全，找个借口离开。你甚至都不用找借口。有人对煤气灯操纵者感觉不好时，他们会感觉到，并及时地开启爱情攻势。他们会恰如其时地表达爱意，让你的想法从"我对这个人没有好感"转变到"哇，我好喜欢他"。因此，抓紧时间离开才是最佳策略。

克制住做好人的冲动

很多人，尤其是女性，从小便被灌输要礼貌待人、关爱他人。与人对峙、驱逐某人或许有悖于你的教养。谨记煤气灯操纵者不会真正关心你或你的感受。你只是一件可有可无的物品，随时可以丢弃，是他们达成目的的手段。冒着被认为"粗鲁"的风险为自己挺身而出是完全可接受的。比如，你在车上，对约会对象说"晚安"，他却斜着身子向你靠过来，这时，不必默默忍受或者扭身躲闪，直接告诉他："请你坐回去。"如果他不动，再大声说一遍。记住，和煤气灯操纵者在一起时，你应该担心的不是你是否粗鲁，而是你的人身安全。

煤气灯操纵者与暴力风险

与煤气灯操纵者在一起时，遭受暴力的风险是真实存在的。他们的挫折阈值非常低，而且又毫无应对挫折的良策，因此更容易使用暴力手段。你要时刻准备好保护自己。正如之前所言，与任何人第一次约会时，无论你喝的是什么，都要看护好自己的饮品。即使约会对象和你说不用担心，或者说你太多疑了；即使这意味着去卫生间时也要随身带着饮品，也别嫌麻烦。正如前面说过的，最好是不喝酒。他们会想方设法，威逼利诱让你喝酒，使你变得更加脆弱。这绝不是君子所为。

如果约会对象逼迫你喝酒，那么他极有可能已经做好准备要袭击或者侵犯你。这种情况下，我们最好小心行事，提高警惕。

约会初期的警报信号

初次约会之后，你们开始正式交往。这一阶段也会出现各种各样的警报信号，一定多加注意。

如果出现下面的情况，请选择离开：

- 你的家人告诉你，他们认为对方有些不对劲
- 对方告诉你，你的家人试图拆散你俩
- 对方告诉你，你无权插手他的孩子或其他家庭成员的事。比如，你看到对方的孩子打了别的孩子，你告诉他，你很担心孩子的行为。对方会说一切都很好，没有任何问题，只是你从未经历过此类事情而已
- 他的孩子或其他家庭成员毫无界限感
- 他热衷于分享私人信息，或者对孩子或其他家庭成员的事情管得太多
- 对方告诉你，他和你兴趣相投，但当你们一起参加那些活动时，他经常表现得毫无兴致、没精打采
- 在一起时，总是你付钱买单。如果你要求对方买单，他会想方设法让你产生愧疚，再一次抢着去付钱
- 对方将你完全隔离在生活中的某些区域之外，比如他的朋友和手机

可能你们恋情的90%都非常甜蜜，只有10%充满了谎言和反复无常，即便如此，你也要选择离开。这种恋情只会越来越糟糕。10%会逐渐增长成20%、30%，甚至更多。一再说谎和反复无常意味着之后你会受到情感和身体上的虐待。根据美国反家暴联盟（National Coalition Against Domestic Violence，2017）的数据，每年美国大约有1000万人遭受家庭暴力。即使对方撒谎的时候不多，也是时候要重新做出选择了。

感情快速升温，内心逐渐疯狂

如果第一次见面时，人们就都戴上大标牌，写明自己的变态、反常之处，那多简单方便啊！可惜，这一切只是奢望。同时，煤气灯操纵者非常擅长伪装成正常人。在对你敞开内心的密室之门、展露自己的疯狂之前，他们会先确定你是否已经牢牢上钩。即使是心理健康方面的专业人士也会被他吸引，与

他"看上去就是个完美无缺"的人——聪明过人、风趣幽默、受过良好教育。直到6个月后，我才真正见识到他黑暗且操纵狂的一面。

——杰西，28岁

他们开始一段恋情。他们表现得非常正常，即便是专业人士也不一定能看出他们的真实面目。但正如前面所言，这并不意味着我们看不到任何蛛丝马迹。

煤气灯操纵者通常会表现正常，并让恋情快速升温，直到你让他心烦时，他才会露出疯狂的另一面。此时可要提高警惕了。惹恼他的原因可能是你站出来为自己辩解，指出某

些事情让你心烦意乱，也可能是你没有遵守某些不成文的规定（你根本不知道必须要遵守它们）。突然之间，你从集万千宠爱于一身的王后，变成一文不值的乞丐。他已经设好陷阱，你最终会从他供奉你的神坛跌落。他先将你无限抬高，对你顶礼膜拜，然后再极力贬低。他通过这种手段让你心理失衡，打得你措手不及。这一切会让你丧失安全感，从而在心理上变得更依赖他，而这正是他想要的。

迷恋与爱

正如第 2 章中提到的，在一段感情的开始阶段，煤气灯操纵者热衷于使用爱情攻势。他们将你奉上神坛。他们会将你视若珍宝。记住，他们只是想让你爱上他们塑造的假象，而不是自己的真面目。真实的他们隐藏在假象后面。他们深谙如何表现得正常，诱惑你陷入圈套。

你可能会觉得对她一见钟情。但是，没有人会这么快坠入爱河。你感觉到的很可能只是迷恋。你欣喜若狂，见到对方时心跳加速。这感觉太棒了！但是，迷恋是短暂而脆弱的，不可能持久。你会变得患得患失，似乎随时都会失去她。她和朋友出去时，你会妒火中烧。你想每时每刻都和她黏在一起，一和她分开你就会痛苦不堪。

爱是一种更深刻的感觉。有时，人们在恋爱初期会经历迷恋，但这种迷恋会在六个月到两年的时间内消失。这正是一切变得真实的时候。有些恋情会在此时结束，因为一旦兴奋退去，心跳加速的紧张感不再，这一切就会令人意兴阑珊。此时，你也会逐渐开始认清恋人的真实面目。在一段健康的恋情中，初期阶段固然令人兴奋，但也会给人一种平静、融洽的感觉。爱一个人时，你享受和她在一起的每分每秒，也享受自己的兴趣爱好和一些独处时间。在一段健康的恋情中，你的另一半会接受你和朋友一起出去——事实上，心理健康的另一半会鼓励你出去，并且乐于去了解你的朋友。

约会时要时刻记住迷恋和爱的区别。让你的大脑放慢脚步，这样你就能更理智地思考你"爱上"的到底是谁。与煤气灯操纵者交往时，迷恋通常会转变成痛苦而不是爱。虽然迷恋并不是毫无可取之处，但重要的是不要把它误认成爱情——要时刻留意煤气灯操纵的征兆。

诈骗和哄骗

除了把你玩弄于股掌之中，煤气灯操纵者通常还有其他的动机和目的。有些人的主要目的是骗取你的金钱、汽车和房产。他们偏好在婚恋网站猎艳，因为这些网站的用户更容易上当受骗。年长者和富有的人是他们的最佳猎物。约会时，一开始他们会说"我把钱包忘在家里了"，最终，你却把自己的财产和其他资产都签字拱手让人。

> 他说他是一名医生，最终我却发现他是一个掩藏得极好的瘾君子。他开始管我要钱，甚至在医生的处方上伪造我的签名。
>
> ——简，68 岁

个案研究：约翰·米汉（基于《洛杉矶时报》2017 年 10 月 1～8 日的报道）

约翰·米汉（John Meehan）的故事仿佛是一部电视电影，简直不可思议，但它的的确确是发生了。《洛杉矶时报》对其做了系列报道，作家克里斯托弗·戈瓦德（Christopher Goffard）于 2017 年在他的播客中讲述了这一事件。米汉以哄骗别人为生，通常是哄骗女性。对女性他一直是满嘴扯谎，他说自己是一名麻醉师，曾为"无国界医生组织"的一员，在伊拉克做志愿者。他禁止自己的第一任妻子联系他的家人。在她违背了他的意愿以后，他大发雷霆。他的妻子发现了他的谎言后，他又大肆吹嘘自己的黑帮暴徒背景，并多次威胁她。2014 年，他在婚恋交友网站上认识了黛布拉·纽厄尔，一位成功的女商人。约翰故伎重演，撒谎说自己是一名麻醉师，曾在伊拉克的"无国界医生组织"中做志愿者。他千方百计地推进两人的婚姻，约会几个月后，他们便喜结连理。

黛布拉的家人揭穿了约翰的谎言：他曾经是一名护士，后来因为持有毒品被吊销了护士执业许可证，并被捕入狱。谎言被揭穿时，约翰对黛布拉大打出手。黛布拉选择离开。后来，约翰请求原谅，告诉她一切都是误会，是她的家人不想让她找到真爱而故意从中捣鬼。于是，黛布拉和他重归于好。在她第二次选择离开时，约翰威胁黛布拉和她的家人。他说黛布拉拿走了他的钱，其实是他一直向她索要钱财。他把她的裸照寄给她的家人。最终，他跟踪并袭击了黛布拉的女儿泰拉，向她连捅数刀。幸亏泰拉自我防卫得当，抢过刀子捅伤了他，才留下了一条命。约翰最终因抢救无效死亡。

作为一名久经沙场的成功商人，黛布拉怎么会轻易上了约翰·米汉这种骗子的当呢？难道她没有注意到约翰试图操纵她的那些迹象吗？这还真不一定容易发现。煤气灯操纵者是伪装正常的行家里手。他们表现得几乎有些过于正常，看上去甚至好得有些不真实。约翰深谙黛布拉这样成功女性的心理——她们渴望一个稳定的、有教养的男性伴侣。而且，约翰也擅于用谎言去迎合这一心理。

还有一点，黛布拉的姐姐就是被自己的丈夫枪杀的，而黛布拉的母亲居然为杀死自己女儿的凶手作证——这让凶手的量刑变轻。这一切会对黛布拉有何影响？无论男人多么罪大恶极，他们也总是有正当理由的？令人感伤的是，她似乎确实这样认为。你是否会成为煤气灯操纵者的猎物，你的家庭历史起着举足轻重的作用。在第6章中，你会读到更多关于家庭和煤气灯操纵的内容。

保护自己

如前所述，外出约会或上网寻找约会对象时，我们要时刻保持警惕，绝不能放松戒备。要知道，有些煤气灯操纵者的主要目标就是物色猎物。请遵循以下几点来保护自己：

- 如果你正在考虑网上约会交友，选择付费网站或应用程序。煤气灯操纵者向来以吝啬

从现在开始，我要对约会对象进行背景调查。一个朋友觉得我太夸张了，但是我必须要提前查清他是不是有家暴史或其他暴力行为。

——珍妮，27 岁

出名，因此，使用付费网站可能会减少你遇上他们的机会

- 在网上发布交友资料和照片之前，先请朋友帮忙审核它们。请最为谨慎的朋友来把关，因为他们更有可能发现某些不恰当的内容，从而让资料和照片不太会吸引到虎视眈眈的煤气灯操纵者

- 相较于网上交友约会，尝试在聚会中与异性面谈。如果你们相识于网络并相谈甚欢，安排一次面对面的会面，这样你才可以做出更好的判断

- 和朋友推荐给你的人约会。如果你的朋友和这个人是老朋友（比如，孩童时代的挚友），那就再好不过了

- 在下一次约会之前，做一下背景调查

- 在出去约会之前，先在网上搜索一下他的相关信息。如果网上提供的信息和他个人资料里的信息或他的聊天内容不符，立即切断一切联系。这是一个极其危险的信号

- 出去约会之前，和你的朋友约定一个求救信号。一旦你发送这一信号，他们就可以打电话给你，说有紧急情况发生，你必须得马上赶回来。千万不要让煤气灯操纵者开车送你

- 不要上煤气灯操纵者的车。他们的标准操作模式的一部分是将你带到他们的地盘，从而置你于孤立无援之地。一旦你离开了最初的地点，你遭到袭击甚至被杀害的可能性会急剧增加

- 第一次约会时，不要把他们带回家，也不要去他们家

- 在正式见面之前，不要互换大尺度的照片

- 安排在公共场合见面

- 如果网上的沟通出了问题，就停止和他交流。尽管在一段健康的恋情中，不建议玩凭空消失，但是面对煤气灯操纵者，你必须要出其不意、趁其不备见势开溜。如果继续联系，即使一句简单的"我们俩不太合适"，都有可能让你落入他们的控制之中

- 如果你要切断和煤气灯操纵者的联系，一定要屏蔽他所有的电话号码、电子邮件，删除个人资料中和他有关的内容

- 一旦他违反了约会交友网站的任何条款（比如骚扰、诽谤或跟踪等），及时向网站举报

- 无论是在网上还是现实生活中受到威胁、骚扰或跟踪，请立刻联系执法部门。向法院申请限制令

- 不要在网上发布关于煤气灯操纵者的警告信息。他们可以很容易地通过帖子追踪到你

- 相信自己的直觉。如果和他一起时觉得不安，即使你的朋友们告诉你他是个好人，也不要再和他出去约会

他和我说他是一名外科医生，但是在卫生部门执业医师注册查询网站上我查不到任何相关记录。他告诉我他刚刚来到美国，医师执业许可证信息还未完成录入。他嘲笑我"警匪片看多了""疑神疑鬼"，结果事实证明他根本就不是医生。

——珍妮丝，55岁

把择偶要求列成一份清单

这听起来稍显无趣，但是约会时，最好是用头脑而不是用感情做出选择。我们迷恋某人时，往往会忽略那些警告信号。大脑陷入一种暂时的错乱状态中，我们失去了理智。"哦，你是个斧头杀手？我完全不介意。"为了帮助自己做出理智的选择，试试这样来做：坐下来，尽可能详细地列出你心目中的理想伴侣应具有的品质。可能会包括的品质有：

- 喜欢狗或猫
- 家庭和睦
- 擅于倾听
- 乐于解决冲突
- 坚持锻炼身体
- 工作稳定
- 与人聊天时，措辞礼貌、尊重他人

你应该关注积极的品质。试着用"与人聊天时，措辞礼貌、尊重他人"来代替"不骂人"。这有助于你专注于你想要的品质，而不是不想要的负面品质。

当你遇到一个你认为最好的人时，对照一下清单。这个人具备哪些你想要的品质？当你为爱痴狂时，这份清单会帮你重拾理智，对恋情做出明智的决定。

相信这些迹象，运用这些智慧吧

我相信以上这些都会对你有所帮助。约会通常都充满风险，因为煤气灯操纵者可能会非常聪明、魅力非凡，而且言行得体、举止正常。网上约会交友可能会让你沦为他们的猎物。但是现在你了解了这些红色警报，意味着约会时你有了新的武器来保护自己。如果要选一条最重要的建议的话，我会选择：相信这些迹象。正如著名的美国黑人女作家玛雅·安吉洛（Maya Angelou）[○]所言："当别人在你面前展示自己时，相信他们第一次的表现。"

⌘ ⌘ ⌘

现在，让我们转向另一个领域：工作场所。我们将探讨如何与那些毫不为你着想的人共事，如何用最有效的方式来举报煤气灯操纵行为，以及如何运用法律来保护你在工作场所免于骚扰或其他形式的操纵。

○ 玛雅·安吉洛是美国黑人作家、诗人、剧作家、编辑、演员、导演和教师。多次被提名普利策奖和美国国家图书奖，著有《我知道笼中鸟为何歌唱》《妈妈和我和妈妈》等书。——译者注

第 4 章

蓄意破坏、恶意骚扰、推卸责任以及窃取成果

工作场所的煤气灯操纵者

煤气灯操纵者不仅严重影响并破坏我们的个人生活，他们也会毁掉很多人的职业生涯和公司。他们操纵同事和下属为自己效力，把功劳据为己有。他们恶意骚扰他人，却颠倒是非，把自己伪装成受害者（实际上，我认为，即使不是全部，大部分的骚扰都是一种煤气灯操纵行为）。他们拒绝为自己的行为负责，把同事当成替罪羊。被破坏个人生活是一回事，而遇到一心要毁掉你职业生涯的人就要另当别论了。

提及此类话题，已经有大批的女性勇敢地站出来，指控工作场所的性骚扰，而人们终于开始相信她们了。许多名人和公众人物因为在工作场所进行性骚扰而面临调查。在本章中，你会学到如何识别工作场所中的煤气灯操纵者，如何保

护自己以及自己的职业生涯，以及如何避免再次和他们共事。在第 5 章，你会获悉更多关于煤气灯操纵、性侵、虐待以及暴力的内容。

如何辨别你的同事是不是一个煤气灯操纵者？你要关注以下行为：

- 将你辛苦工作的成果据为己有
- 用讽刺挖苦的恭维话对你明褒暗贬
- 在同事面前嘲笑你
- 把一切责任推到你身上
- 了解并利用你的弱点
- 处心积虑地要害你降职或被开除
- 为了获得先机，不惜撒谎
- 似乎要和所有人竞争，并拔得头筹
- 散布关于你的谣言，当你质问他时却矢口否认
- 蓄意破坏你的工作
- 故意把重要会议的时间、地点说错
- 强迫你做一些不道德的事情
- 对你取得的成绩记恨在心
- 事情不随他的心意时会大发雷霆
- 霸凌、威胁你和其他人
- 对你和其他人进行性骚扰

他们可以把最轻松惬意的工作变成一场噩梦。他们诡计

多端，蓄意破坏，爱抢风头。如果他们的不当行为（甚至称得上是破坏行为）被上司抓个正着，这实际上会增加他们那些适应不良的行为。他们会铤而走险，孤注一掷。短时间内可能是一片风平浪静，然后很快便会卷土重来。他们很少会停止自己的操纵行为。正如之前所言，很多煤气灯操纵者丝毫没有自知之明，他们对自己的恶劣行径视而不见。他们真心以为是别人的问题，与他无关。

> 轮到我的同事上门服务了，但他拒绝接听电话。这就意味着客户会给我打电话。我和上司说了这件事，但是他手里握着老板的把柄，没人敢惹他。
>
> ——胡安，40 岁
>
> 无论是什么项目，他都要把所有功劳据为己有。不仅如此，他还和老板说我们是一群懒鬼，他还要给我们擦屁股。一切成果都得益于他的兢兢业业。
>
> ——道格，55 岁

工作场所的性骚扰及其他骚扰

> 一个同事经过时总会用手轻触我的屁股，然后说"对不起"，仿佛他是不小心才碰到的。他行为隐蔽又纯熟老练，所以没有人看到。我本来想向上级汇报，但又担心他会说我撒谎。我又有什么证据呢？
>
> ——莉迪亚，28 岁

> 我工作时，老板总会站在旁边看着。实际上，并不是单纯地看，而是色眯眯地盯着我。这让我毛骨悚然。当天快黑时，办公室里人变得少了，我就会觉得不安，会赶紧离开。
>
> ——玛莉索，36 岁

煤气灯操纵者会通过实施操纵来控制你，并掌控自己的工作。他们断定，骚扰会让你对他们工作中其他的恶劣行为保持沉默。

性骚扰是其中之一。2017 年，美国平等就业机会委员会（EEOC）将性骚扰界定为"不受欢迎的性邀请、性要求以及其他性方面的口头或身体骚扰"。

如果发生下列情形，你可能是性骚扰的受害者：

- 你被告知，你的工作或任务能否完成取决于是否和他发生性行为
- 你被无缘无故地严密监视
- 有人会故意堵在你去往办公室或小隔间的路上
- 你经过时，会有人色眯眯地盯着你
- 有人用嘘声或"笑一个"来调戏你
- 某个职位更高或更有影响力的人约你出去
- 你因为拒绝求爱而受到报复
- 你的储物柜被贴上淫秽的图片或信息

其他形式的骚扰包括：

- 同事对你"恶作剧"
- 你的物品不断地被无故拿走，然后重新回到你的桌子上
- 同事乱动你放在办公室公用冰箱里的食物
- 你的储物柜被撬开
- 你的私人物品被藏起来
- 未经允许，同事擅自进入你的工作区域

在工作场所，大多数煤气灯操纵者都不敢触犯法律，明目张胆地实施性骚扰，但有些人真的色胆包天，尤其当你的工作环境似乎鼓励了这些恶劣行径时，他们就更肆无忌惮了。例如，本来一切正常，至少表面上一切正常，老板突然决定使用激励手段来提高生产力，这就为煤气灯操纵者提供了完美的条件。为了超过别人，他们会不择手段，包括采取不正当手段和破坏行为。在商界的某些领域，似乎只有变得冷酷无情才能获得万人景仰，但这种尊重只是人们因为害怕他们而伪装出来的。在本章中，我们会谈到在何种情形下，攻击性的工作习惯会构成骚扰，以及可以采取哪些应对措施来对抗它。

根据美国平等就业机会委员会的规定，如果员工为了保住工作而不得不忍受骚扰，或者骚扰已经严重或普遍到让任何一个理智正常的员工都感到工作环境不可忍受，那么这一骚扰行为就已经触犯法律。

你可能自身没有受到直接的骚扰，但这并不影响骚扰行为的成立。只要这一行为影响到你目前的工作状态或者使你无法继续待在原有的工作岗位上，在法律上你仍然是骚扰行为的受害者。

　　骚扰事关权力，它关乎你"能否保住目前的工作"。煤气灯操纵者乐于凌驾于别人之上。如果知道你的生计（也就是你的工作）岌岌可危，他们会尤其心满意足。

　　他们的骚扰行为可能十分隐蔽、微妙，让你如鲠在喉却又无法证明。许多骚扰案例最终都陷入了"公说公有理、婆说婆有理"、双方各执一词的境地。没有证据，再加上担心被报复，很多骚扰案例都不会被提起诉讼，更不用说得到判决了。

　　另外，你第一次遇到骚扰时会震惊不已，怀疑自己，质疑自己对这一经历的看法，这都是很正常的。某某真的这样说过吗？还是我认为他这样说过？可能他并不是这个意思。如果你曾和煤气灯操纵者共同生活过，尤其当你的父母便是其中一员时，你可能会更加质疑自己对现实的感知。很早以前你就被训练得不再相信自己的亲眼所见和亲耳所闻，你自然会不自觉地质疑起自己的亲身经历。

　　请开始相信自己的所见所闻。不论是性骚扰还是其他形式的骚扰，如果看起来、听起来都像骚扰，那么极有可能它就是骚扰。

用法律保护自己

　　哦，我的经历就是一个例子，有人和我说，"某某告诉我，你的工作表现很差"。那好吧，让某某直接过来和我说。在此之前，我不认为这是我的问题。

——乔西，28 岁

在美国，1964 年《民权法案》的第七条规定，在工作场所，禁止任何基于年龄、性别、宗教、种族、文化以及国籍的歧视。

工作场所的骚扰，包括性骚扰，都违反了第七条。

关于《民权法案》第七条，有一个棘手的问题：第七条仅适用于有 15 名及以上员工的公司或地方、州及联邦政府机构。根据第七条，如果有人因为在工作场所被举报骚扰而报复他人，那么他就违法了。员工不必成为骚扰的直接目标才能获得有效的赔偿。任何在工作场所中受到骚扰行为影响的人（只要骚扰者在工作场所制造了恐吓的氛围）都可以就骚扰索赔。即使在别人看来，当时该员工已经接受了这一行为，他仍然有权控诉这一令人生畏的冒犯行为。

除了《民权法案》第七条，所在州可能也有相关法律保护员工免遭骚扰和歧视。员工可以通过网络搜索快速找到它们。保护自己不受此类行为的侵害，同时让骚扰者承受自证清白的压力，员工要做的第一步就是了解自己拥有的权利。用知识武装自己是对付煤气灯操纵者及其骚扰最强有力的措施之一。

可以采取的措施

> 我的同事会面带笑容，语调温和地对我进行种族侮辱。一想到这些，我就觉得毛骨悚然。我告诉他不要这样，但他充耳不闻。我也告诉过老板，但是毫无用处。我不知道接下来要怎么办，如果我逼得太紧，我怕会丢掉工作。
>
> ——丹，35 岁

> 我曾经的合伙人是一个彻头彻尾的煤气灯操纵者。他告诉我们的客户我"精神状态不稳定",如果账目有问题就去找他。最终,一位客户和我说,"我觉得你可能并不知情……",并告诉了我这一切。我选择把自己的股份卖掉,然后离开。
>
> ——韦德,60 岁

在美国,如果你受到骚扰,致力于保护员工权利的平等就业机会委员会建议你按下面的方法行动。在此过程中,你有权(甚至他们会鼓励你)联系律师。

平等就业机会委员会建议,你可以先直接就该骚扰行为与煤气灯操纵者进行联系。这一切可以当面进行,也可以采取书面形式。如果是面对面进行,可以考虑请一位证人在场。正如你所了解的,煤气灯操纵者十分擅于扭曲事实。他们肯定不会和别人如实描述你们之间发生的事情。因此,找一位目击证人证实你的话是至关重要的。

通过书面方式联系他们可以留下纸质或电子版的证据。面对电子邮件里的确凿字句时,他们很难撒谎或否认。直面他们可能会令你很不适,但是能有效地震慑住他们,如果骚扰行为继续下去的话,还可以帮助你立案侦查。

为了成功地指控骚扰行为,你必须能够证明这一行为不是你所希望发生的,如果你曾警告过骚扰者,这也可以作为证据。即使在行为发生当时或者发生以后你没有立即叫停,你仍然有权告知骚扰者你的不快。可能当时有别的同事在场,为免伤和气,你没能当场提出异议。可能当时你就感觉非常尴尬,但还是选择一笑置之。也可能为了更好地专心工作,你极力想忘掉这一切。但无论如何，现在你选择了制止他们，一切都为时不晚。

记录好你与煤气灯操纵者之间的谈话，包括日期、具体时刻、是否有其他人在场、你的原话，以及骚扰者是如何回复的（关于如何做记录，本章稍后会详细说明）。如果你担心直接联系骚扰者会危及你的安全，可以先向你所在公司的人力资源部门投诉。

如果你担心自己的人身安全，觉得直接联系骚扰者会对你不利，或者提出警告后骚扰行为仍未停止，可以根据你所在工作场所的申诉程序提起申诉。这就是所谓的"投诉"或者"正式投诉"。如果你手头有员工手册，查看一下里面是否有投诉相关的内容。你也可以咨询一下人力资源部门如何就骚扰或歧视索赔。

你应该严格按照书面或被告知的指令去做。最好把这一切都记录下来。上交的任何材料，都务必要自己保留一份副本。当你在工作场所提出正式投诉时，你是在提醒老板这里出现了一个问题。你也给公司提供了一个机会去纠正或解决这一问题。你之所以要采用这一正式的投诉方式，是因为一旦这件事闹上法庭，公司是否对此负有责任取决于公司是否知悉这一骚扰行为，以及是否曾采取措施去解决该问题。现在，公司有责任把问题妥善地处理好。

如果骚扰行为仍在继续，或者投诉结果不能令你满意，根据联邦法律提起诉讼之前，你必须先向平等就业机会委员会或者你所在州的劳动保护部门提出所谓的"歧视指控"。缺少这项重要的指控，你的诉讼请求可能会被驳回。你可以向所在地区、州或当地的平等就业机会委员会办公室提出歧视指控。你所在州的法律规定了从遭受骚扰到提出指控需要多长时间，通常情况下，这个期限是 180 天。

提交指控以后，平等就业机会委员会的工作人员会约你面谈，并确定你的雇主是否违反了《民权法案》第七条的规定。如果工作人员认定你的指控证据确凿，他会填写一份歧视指控表，交给你审阅并签字。然后，平等就业机会委员会会与你的雇主面谈，以确定是驳回你的投诉，还是继续就此展开调查，又或是建议你和雇主进行调停或和解。

平等就业机会委员会一般不会代表你提出诉讼。他会为你签发一封有权提起诉讼的信函。这意味着你有权提起诉讼。收到该信函后，你仅有 90 天左右的时间来提起诉讼。如果你没有律师，平等就业机会委员会会强烈建议你聘请一位律师。

什么行为是不构成骚扰的

有时很难区分骚扰和正常行为。如果他人针对你做出的行为让你不快或心生反感，那么你极有可能遭受到了骚扰。然而，以下事件本身并不构成骚扰：

- 称赞你的穿着
- 夸你今天很漂亮
- 办公室里和你平级的同事约你出去

- 告知你某些工作表现需要改进
- 要求你与雇主开会讨论某个问题

但是，如果以上事件的确发生在了你身上，而且你曾警告过做这些事的人离你远一些，或者这些人曾经招惹过你或其他员工，那么这些行为就构成了骚扰。

如果上司是煤气灯操纵者

实施煤气灯操纵的并不仅仅是失败者，很多位高权重的人也会这么做。你的某些上司可能会操纵你。他们深谙如何操纵他人，在职场上翻云覆雨。他们通过夸大自己的成就爬到权力顶端，别人辛辛苦苦地工作，他们却直接坐享其成。他们甚至会为了升职而敲诈别人，或者不惜牺牲色相。他们在应付自己的工作上同样得心应手，这可能是最令人沮丧的一点——他们的实际工作能力出众，因此很难解雇他们。

以下是一些需要留意的迹象。

在你工作时，他们会盯着你

上司观察你的工作状态，这并不鲜见，但是煤气灯操纵者的做法会非常极端，令人生厌。你可能会发现，他看你的时间比看别的同事要多得多；你可能还会发现，周围同事不多时，他会和你表现得过分亲密。他甚至会试图把你和其他同事隔离开来。

　　这种"注视"会变成色眯眯的窥探，让你极其不舒服。你有权大声说："请退后。"这会让办公室的其他人知道他的行为是不恰当的，也能让其他人成为目击证人。如果他们明白这会损害他们在别人心目中的完美形象便会收手。保持完美形象对他们至关重要。

实施操纵的上司会串通一气

> 我热爱我的工作，也做得得心应手，但是我从没想过我的上司们会合伙害我被解雇。他们实施诡计来算计我，让我看起来像是没有在尽职工作。比如，他们会告诉上级，我拒绝做某项工作，但是他们从未跟我提起过这项工作。我甚至开始怀疑是不是他们问过我，而我忘记了。于是后来我开始把他们的话记下来，发现是他们在撒谎。终于有一天我受够了，选择离开。我的上司们没有一个愿意站出来，对他的同伙说"适可而止"。
>
> ——安珀，28 岁

　　有时候，煤气灯操纵者会联合起来对付你。即使不是典型的煤气灯操纵者，也会和他们沆瀣一气，这就是所谓的"从众心理"。当他人做出某种行为时，我们更有可能参与其中，即使这种行为与我们的信念相悖。群体内的行为是可以传染的，作为群体的一员，我们对自己的行为不会有太多的负罪感。大老板也有可能会给主管们施压，迫使他们操纵下属员工。

他们会无视你的表现，给你很差的考核结果

> 我的上司们串通一气来操纵我。为了炒我鱿鱼，他们不惜诋毁我的工作表现，捏造事实。
>
> ——贾米尔，28 岁
>
> 老板告诉我，只要我在某个大项目中好好表现，升职的事绝对十拿九稳。项目结束后，他却只说了一声"谢谢"便转身走了。根本就没有升职这回事。
>
> ——柯提斯，40 岁

　　如果你的老板擅长煤气灯操纵，当他通知你去参加绩效考核会议时，你要想办法让另一名主管作为在场证人出席。如果他无缘无故地给了你不好的考核结果，你可以要求由他的上级主管来重新进行一次绩效考核。被问及重新考核的原因时，你可以说发现考核结果和你的工作表现有些不符。确保携带有记录你工作成绩的相关文件来参加考核会议。你需要确凿的证据来证明你收到的绩效评估是不准确的。同时，查阅员工手册，了解当你觉得绩效评估不准确时，公司是否有相关的申诉程序。

　　当你的老板让你在绩效评估上签字时，如果你觉得评估对你不利或者不够公正，你有权拒绝。绩效考核只是公司的一项制度，而不是法律规定。通常，在绩效评估上签字只能代表你收到了它。如果上面有小字印刷条款"我同意以上评估结果"，千万不要签字。绩效评估文件上可能会有一项意见栏，我强烈反对你在上面留下书面建议，尤其是不要现场写。先考虑一下你想写什么，这会有效地阻止你由于一时冲动而写下有悖于事实的评论。你可以稍后再提交你的意见。

大学里的骚扰

助教向我表达好感，我拒绝了他。此后，在上课的时候他总会提问我一些很难的问题。而且我明明去上课了，他却把我记成缺勤。

——丽斯，23 岁

我去教授的办公室商谈改成绩的事，他说我也得"付出点什么"。我严词拒绝，他威胁我说如果我对别人提一个字，我就都会有大麻烦。

——凯西，22 岁

学校，包括大学里的煤气灯操纵，和其他场合的并无二致。教授和助教可能会操纵学生或低级别的教工，学生也可能会操纵教授。记住，煤气灯操纵者以获取权力为生。如果你班上有学生得了 C，你拒绝把它改成 A，她可能会通过报告学院你跟踪她来报复你。这也是一种煤气灯操纵。

不论你是大学里的学生还是教工，如果你受到骚扰，或者你认识的人受到骚扰，你都可以这样做。在学生手册或员工手册上查找有关申诉程序的内容。许多大学都有申诉专员，当有学生或教工因受到骚扰而投诉时，他负责充当中立的第三方。通常，申诉部门会建议你在向其求助之前，直接联系辅导员或学院院长。另外，如果受到威胁，你随时可以联系执法部门。

如果大学给出"我们会和他谈谈的"或"你确定你没有误解什么吗"之类的回复，不要接受。你必须确保学校会采取相关措施，以避免这一行为再次发生在你或其他学生身上。你最好聘请一位律师。许多大学会就虐待行为的投诉采取迅速的行动，但有些时候，某些大学也可能会驳回投诉或者置之不理。正如发生在密歇根州立大学的拉里·纳沙（Larry Nassar）⊖案和宾夕法尼亚州立大学的杰瑞·桑达斯基（Jerry Sandusky）⊜案一样，关于施虐者的报道有时会被刻意掩盖起来，直到指控不得不公之于众——通常是案件进入审判阶段时。让别人听见你的声音，同时让别人负起责任。

来自客户的骚扰

有个客户下了订单以后，告诉我的上司我把订单填错了，对她还很没礼貌。她这种做法简直毫无道理可言，害我无缘无故被解雇。

——肯，36 岁

我的一个客户不想付账单，于是，她向法庭起诉我"渎职"。

——詹姆斯，48 岁

　　除了雇主和同事，客户也可能会对你实施操纵。一个雇你帮忙的人突然开始攻击你，这对专业人士来说是一桩麻烦事。通常他们攻击你是因为你说了他们不想听的话，或者他们欠了你的钱。

⊖　拉里·纳沙，美国奥运体操队前队医，被控猥亵 100 多名女性运动员，之后出面指控他的受害人增加至 265 人。

⊜　杰瑞·桑达斯基，宾夕法尼亚州的一名大学橄榄球队教练，被控性侵多名男童，被判处多年监禁。

即使你在工作中可能签了保密协议，也并不意味着你无法保护自己免受威胁。一旦你的客户选择向专业委员会举报你，他们就打破了保密协议。同时，如果你受到某个客户的威胁，你有权联系执法部门并提供这个客户的姓名。

如果你是一名心理健康专家，减少虚假投诉的方法之一是让客户付清本次治疗的全部费用后，才能进行下一次预约。一旦一个煤气灯操纵者客户欠你钱，并且积少成多，他会想尽一切办法拒绝缴纳欠款。正如前面所讲，他们总是看起来很有钱，实际却并非如此，这可能是因为他们很难找到工作，或者他们对钱非常吝啬（他们是出了名的小气）。

你也可以考虑签署一份知情同意书，声明如果客户遇到任何问题，请先和你沟通。如果他的问题没有得到圆满解决，他可以向州执业资格委员会或你所属的证照审核机构举报。提供这些机构的联系信息给客户。有时，申诉流程的透明化会有效地减少投诉。

你所属的专业机构通常会建议你向律师寻求免费的公益法律咨询。你所在州的执业资格委员会或者法庭可能同样会告知你受到客户骚扰时可以做些什么。

煤气灯操纵者和工作场所的暴力行为

由于煤气灯操纵者总认为别人的行为是刻意针对自己的，所以尽管他们极力想保持自己的完美形象，但还是比其他人更容易诉诸暴力。他们会把他人的言行举止解读为对自己的一种人身攻击。换句话说，你明明批评的是他们的工作，他们却觉得"自我"受到了挑衅。对于他们而言，被解雇是一种对个人的侮辱，他们必须对老板实施报复。

工作场所的暴力包括以下这些行为：

- 损坏财物或损毁电子信息
- 跟踪
- 暴力威胁
- 贴身肉搏（拳打、脚踢）
- 使用武器（如刀具等）

如何保护自己在工作场所中不受煤气灯操纵者暴力行为的伤害呢？

- 向雇主举报令人不安的员工行为
- 制定关于工作场所暴力行为的协议
- 进行应对工作场所暴力行为的演练
- 如果要疏散大楼内人员，提前找好聚集地点

如果雇主在之前不对员工进行背景调查，或者不联系员工的前雇主了解情况，那就要求雇主将这些调查作为标准做法。我们去工作场所是为了工作，不是为了成为煤气灯操纵者的攻击目标。

在美国，如果你的工作场所中出现了一名伺机而动的持枪者，美国国土安全部会提供以下指南：

- 首先，尽快离开大楼。把东西留下，钱包、身份证件和信用卡可以重新办理，但你的生命只有一次
- 如果无法离开大楼，赶紧躲起来。把手机调成振动模式。锁上门，并用一些重东西堵住门，比如复印机
- 如果持枪者向你靠近，而你无路可逃，就奋力抗争吧

总之，务必遵循以下步骤：逃离—躲藏—抗争。这同样适用于工作场所的其他暴力行为，比如面对持刀者或爆炸、炸弹威胁时。

除非执法部门宣布"警报解除"，不要离开你的安全隐藏地点。

在这次实施身体攻击行为之前，煤气灯操纵者可能就曾有过犯罪史，比如非法使用致命武器、施虐、引起他人的恐惧、报复、跟踪、威胁受害人的家人，或有过其他无视他人生命的行为。

狐狸尾巴总会露出来。我们只要多加留心，并在他们实施暴力行为之前果断地采取行动，就可以保护自己。

除此之外，还能如何保护自己

如果你不幸和煤气灯操纵者共事，除了投诉骚扰行为之外，你还可以采取下面这些方法保护自己不受他们的破坏行为甚至违法行为的伤害。

绝不和他们独处

与煤气灯操纵者见面时，一定要有别人在场。如果在会议之前找不到他人在场，重新安排会议时间。你可能会觉得这样做会危及你的职业生涯，但你是否和他们独处一室才是决定你职业生涯的关键。如果煤气灯操纵者跟随你到了某个无人在场的地方，赶紧离开，或者坚持带一名同事同去。没有目击者，你更可能会受到性骚扰、不恰当的触摸或是虐待。他们会刻意隐瞒你们之间的互动。有目击者的话，特别是当目击者不清楚他们的真实面目时，他们更可能表现得言行得体，因为他们仍想保持自己在目击者心目中的完美人设。如果你和一个煤气灯操纵者独处一室，当你投诉他时，他可能会和别人说你疯了，或者你在挑逗他。正如本书前面所说，煤气灯操纵者知道让你被开除的最有效的方法，便是诬陷你的精神状态。

每周与老板面谈一次

每周和老板面谈一次，你可以回顾一下正在进行的项目，同时把工作进展告知老板。把这一切以书面形式记录下来。这样的话，如果某个煤气灯操纵者声称一切都是她的功劳，你就可以用之前的记录向老板证明事实并非如此。每周与老板会面一次，也给了你一个受到骚扰时公开申诉的机会。

如果老板说他不相信煤气灯操纵者会做出这样的事情，那就把这一过程记录下来，包括日期、具体时刻以及老板的回复内容。

如果老板说你需要自己先和这名同事解决这一问题，你要告诉他，你已经尝试过了，发现情况总是反反复复，而尝试自己解决问题只会让一切更糟。把你记录下来的煤气灯操纵者的所作所为给他看。

如果你的老板就是那个煤气灯操纵者，或者你无法寻求上司或人力资源部的帮助，你可以寻求法律援助或者联系平等就业机会委员会。

至少，你可以要求搬到另外的隔间或者办公室办公。总之，离他们越远越好。

不在办公室聚会上喝酒

在办公室聚会或其他与工作有关的社交活动上，不要饮酒。即使一点点的松懈也会给他们可乘之机，不管是偷你的东西，还是歪曲你的言行，甚至是攻击你。如果你觉得为了融入聚会你需要喝点什么，那就要一杯加了酸橙汁的苏打水，它看起来就像加汤力水的杜松子酒，没有人会发现的。如果有人问你为什么不喝酒，你可以说你要开车，或者你刚服用了抗生素。最好直截了当地说你不喜欢喝酒。

不在办公室聚会上喝酒的另一个原因是，你很可能会在酒后斥责煤气灯操纵者，而这对你来说不会有好结果。记住这一点，在吵架上你永远赢不了他们。煤气灯操纵者热衷于争吵，这是他们大展拳脚的好机会。另外，他们可能会编造故事，说你曾在某次聚会上对他们有不轨的行为，如果你喝多了，这会增加他们谎言的可信度。

记录，记录，记录

记下你与煤气灯操纵者的接触。正如本章之前所言，如果你要向老板或者平等就业机会委员会举报他们的行为，文字记录是必不可少的。在咨询律师时，也会被要求提供记录。你的记录应该包括：

- 事件发生的日期
- 事件发生的具体时刻
- 在场证人
- 所说的话（尽量直接引用他的话）
- 发生了什么

将这些信息保存在个人设备上，而不是公司配备的设备上。一旦你被解雇，你的工作设备将被收回，你的所有记录便会归你的雇主所有。不要通过工作手机发信息，或通过工作邮箱与他人讨论煤气灯操纵者的恶劣行径。此外，务必对该记录设置密码。

更换工作

远离职场煤气灯操纵者最有效的方法之一便是换一份工作。你可能要换一家公司，或者如果你所在公司的类型和规模允许的话，可以调到本公司的另一个部门、办公场所或者工作地点。虽然迄今为止，这可能不是最简单易行的解决方法，但它能从根源上解决问题。如果你已经向老板表达了你的担忧，而似乎煤气灯操纵者并不会被降职或开除，那么你就要考虑离开。这可能看起来很不公平，但请记住他们的行为只会不断升级。也就是说，如果你不做出改变，个人处境只会每况愈下。

你可能觉得你辞职或换工作，意味着煤气灯操纵者"赢了"。然而，事情并非如此。是你自己赢了——你离开了一个有毒的工作环境。办公室出现煤气灯操纵者，可能是因为整个公司的系统出了问题。如果你遵循公司指南，举报了不良行为之后，他们仍能逍遥法外，那就足以证明你在一个有毒的环境中工作。与其继续忍受，不如趁早离开。

如果你不确定自己的权利是否受到了侵犯，请咨询专门从事劳动法研究的律师。律师会告诉你，你在工作场所享有哪些权利，以及你的经历中是否有人有任何违法行为。

如果你是雇主

如果你是雇主，请定期与员工沟通。就工作场所的骚扰行为制定书面的行为准则和标准操作程序。标准操作程序中应包括员工举报骚扰的步骤，并明确保证不会发生任何报复行为。（某员工）被投诉骚扰后，你应该立即着手调查，并保证调查的公正性。

⌘ ⌘ ⌘

在本章中，我们了解了在工作场所，煤气灯操纵者是如何骚扰他人的，其中包括性骚扰。在下一章，我们会更详细地探讨性骚扰，以及煤气灯操纵是如何助长暴力行为和家庭暴力的。

第 5 章

你也是受害者

煤气灯操纵者与性骚扰及家庭暴力

最近，人们日益关注性骚扰和家庭暴力问题。对于这两种恶行，煤气灯操纵者都是惯犯。于他们而言，操纵别人是一种生活方式，他们处心积虑，力图拉所有人下水。无论身处职场、家庭抑或约会场合，性骚扰受害者均会受到人们的质疑：她真的受到骚扰了吗？如若说出实情，自己反而会声誉受损，这种对受害者的猜疑确实存在，并且由来已久。实施家暴者通常惯用煤气灯操纵伎俩，让受害者深信是自己疯了，即使报警也没人会相信家暴的事实。而这一切只会促使暴力升级，有时甚至导致受害者的死亡。

"#Me Too" 运动

2017 年，缘于对美国金牌电影制作人哈维·韦恩斯坦

（Harvey Weinstein）的性侵指控，"#Me Too"运动在社交媒体上迅速发酵，势头迅猛。实际上，早在 2005 年，服务弱势女性的纽约社区工作者塔拉纳·伯克（Tarana Burke）就发起了"#Me Too"运动。煤气灯操纵者的性骚扰行为由来已久，通常以女性为其目标。在韦恩斯坦的性骚扰丑闻曝光以后，更多女性勇敢地站了出来，讲述自己被韦恩斯坦或其他煤气灯操纵者性侵的经历，有些甚至发生在多年以前。就韦恩斯坦的情形而言，这些指控一直追溯到 30 年前，包括 1990 年的一次庭外和解。但是直到 2017 年，这些性侵行为才逐渐浮出水面。

　　为什么受害者不及早曝光？侵犯他人的煤气灯操纵者通常颇有权势。一旦受害者站出来发声，便会有人提醒她们：她们的事业、家庭甚至声誉，都会毁于一旦。更可怕的是，受害者及其家庭甚至会受到人身威胁。同时，还有那句经典之言："无论如何，没有人会相信你。"这些都会让受害者望而却步，最终选择保持沉默。

　　虽然我们还不知道自 2017 年如火如荼的"#Me Too"运动之后，性骚扰事件是否整体真的会减少，但我们深信，经此一役，越来越多的受害人开始勇敢发声。无数女性（以及男性）长期忍受着性骚扰的折磨，时至今日，许多受害者仍无法坦然地讲述过往遭遇。

　　现在，越来越多的受害人能更勇敢地站出来发声，而不是选择沉默，用别人犯下的错误来惩罚自己。但是，要全面普及这一理念，仍然道阻且长。敢于出声便是迈出了一大步。现在，我们应该从严惩治性侵者，同时采取措施，减少性骚扰的发生，直至将其彻底根除。

对性骚扰的界定也应更确切和明晰。或许曾有人这样说，你之前就曾和性侵者眉来眼去，或说是你醉酒后主动投怀送抱。无论煤气灯操纵者如何为自己辩解洗白，请一定要记住：没有人自愿被侵犯，如果你当时神志不清，更不可能同意别人对你动手动脚。

纵观历史，许多公司都倾向于保护自己，而不是站出来与骚扰者对峙。以马特·劳厄尔（Matt Lauer）被美国全国广播公司从《今日秀》（Today Show）开除为例。美国全国广播公司表示，在一位同事挺身而出前，他们完全不知道劳厄尔涉嫌在工作场所骚扰女性。然而，劳厄尔的同事萨拉·艾莉森（Sarah Ellison）于 2017 年在《名利场》（Vanity Fair）杂志上发表的一篇文章中表示，劳厄尔的目标是实习生、助理和剧务——在美国全国广播公司里，她们人微言轻。煤气灯操纵者以年轻的新员工为猎物，因为她们大都刚开始自己的第一份工作。她们会害怕自己因为举报骚扰而被解雇，或者永远都不能再从事这一行业。此外，2017 年，一些前雇员在《综艺》（Variety）杂志的一篇文章中提到，劳厄尔的办公室桌子底下有一个按钮，这样他按一下就可以从里面把门锁上。

这些人把他们手中的权力当作武器，让受害者臣服于自己的控制之下。他们如同捕食者，分析和跟踪猎物。首先，每个人都是潜在的受害者，这一点怎么强调都不为过。然而，他们可不会对拥有强大意志的人感兴趣。煤气灯操纵者会盯上那些有弱点可供他们利用的人。他们太清楚不过了，如果你是行业新人，这又是你的第一份工作，或者他们在业界有举足轻重的地位，他们就可以左右你的前程，你也不太可能会反抗他们的骚扰。他们告诉你，如果你拒绝，或者把事情曝光出去，你不仅会丢了工作，而且也别想再在这个行业里混了，这对需要这份工作的人来说意义重大。结果，受害者只能屈服和沉默。但是现在，受害者们意识到了团结的力量，终于开始敢于大声疾呼。

似乎越来越多的公司开始意识到不及时处理骚扰指控的法律后果。希望对公司的这种压力能够减少此类事件的发生。有关工作场所骚扰行为的更多信息，请参阅第 4 章。

家庭暴力的类型

家庭暴力，又称关系虐待或人际关系暴力，它毫无差别地伤害着所有人，在所有的文化、性别、性取向及社会经济阶层中都可能会发生。

虐待的类型

语言虐待

- 大声尖叫
- 骂人
- 人身攻击（非建设性的意见）
- 对人身安全和健康的威胁
- 说你毫无价值、愚笨至极
- 羞辱你的体型
- 恶意模仿你

- 重复你的话

经济虐待

- 须获得他或她的许可后才能拿到钱
- 拒绝分享财务信息
- 禁止你管理财务
- 把所有物品和财产都放在他或她的名下
- 定期给你零用钱
- 收走你的信用卡和借记卡
- 不允许你出去工作或赚钱
- 拿走或者损坏对你有意义的物品

身体虐待

- 推搡、掌掴、撕咬、拳打脚踢
- 把你逼到墙角
- 冲你吐口水
- 揪你的头发
- 阻止你离开
- 向你扔东西
- 撕你的衣服

性虐待

- 如果你拒绝性要求，他就威胁、伤害你
- 如果你拒绝性要求，他会以出轨来威胁你
- 嘲笑你的性能力

- 要求你迎合他的性要求

- 强迫伴侣发生性行为

- 未经对方允许，私自录下伴侣的性行为

情感虐待

- 在他人面前羞辱伴侣

- 经常拿伴侣与他人比较

- 离间伴侣与孩子的关系

- 在没有证据的情况下指责伴侣出轨

- 随意取消约定

- 告诉伴侣，没有人会相信他或她的虐待指控

- 在伴侣的车内安装跟踪装置

- 威胁要在没有正当理由的情况下向社会福利部门举报对方

家庭暴力包括语言虐待、经济虐待、身体虐待、性虐待和情感虐待。施虐者的目的是获得权力和掌控。正如本书前面所说，煤气灯操纵者以操纵、控制受害者为荣。

语言虐待包括大声尖叫、骂人、诋毁你一无是处、人身攻击（提出大量无益的批评）。语言暴力施暴者不一定总是会大吼大叫，他们擅长面带微笑地对人恶语相向。为什么他们是如此的言行矛盾？首先，他们不想让别人在公共场合发现他们实施了虐待；其次，让受害者措手不及会给他们带来极大的操纵感；最后，他们表现得讨人喜欢，受害者就会放松警惕，这有助于他们寻找一个机会攻击对方。

经济虐待包括：他们要求你先获得允许才能拿到钱；定期给你零用钱；不允许你掌控自己所赚的钱；把所有物品和财产都放在他们名下；拒绝和你分享财务信息，并坚持由他们来负责所有的财务管理，不许你有任何管钱的机会。再说一次，这一切都是关于权利和控制的。如果他们拒绝让你独自支付任何费用或掌管自己的收入，那是因为他们知道如果你经济不独立，你就不太可能会离开他们。

身体虐待包括把人逼到墙角、推搡、故意绊倒对方、掐人、揪头发、撕咬、冲对方吐口水、拳打脚踢、扇耳光、撕扯衣服等。对方试图离开时，挡住其退路也属于身体虐待，特别是采用暴力手段阻止对方逃离危险境地。虐待行为同样包括虐待宠物和儿童。

性虐待包括当对方拒绝性行为时以伤害相威胁，强迫对方与自己发生性行为，把性作为武器，或者凌辱对方以满足自己。

情感虐待包括：在他人面前羞辱伴侣；明知伴侣会听到，还会说伴侣的坏话；离间伴侣和孩子的关系；毫无证据地指责伴侣出轨；为了惩罚伴侣无意的言行而取消原定计划；未经伴侣允许，擅自取消伴侣与家人或朋友的约会；谎称自己从未说过或做过某事；和伴侣说前任有多好；辱骂和嘲笑伴侣。

煤气灯操纵者最为常用的招数便是情感虐待。他们深知情感虐待不同于身体虐待，不会留下明显的伤害，比如瘀伤或伤疤。于他们而言，情感虐待最为理想——实施操纵的同时，还能保持自己完美的社会形象。他们可能会威胁对方，自己是如此受人欢迎，即使受害者敢于发声，也不会有人相信。受害者生活中的其他人也会说同样的话："一旦你说出来，他的事业可就毁了。"因此，这此类案件中，受害者一般会选择沉默。

家庭暴力会逐渐升级

家庭暴力的隐蔽之处在于，它并非一开始就是公然的暴力行为。它可能始于伴侣的占有欲，或者指责对方衣着过于暴露，然后逐渐发展到辱骂和推搡。随后升级到威胁，之后是伤害伴侣的身体。如果不及时逃离暴力环境，受害者有可能会因此丧命。家庭暴力的升级没有明确的时间表，但是我们知道，随着时间推移，它们会变得越发严重。暴力的强度、持续时间及发生频率几乎总是随着时间增加。

家庭暴力的循环周期

施虐者并不会总是使用言行暴力，这也是受害者难以离开的原因之一。如果你的伴侣有一半左右的时间都在虐待你，另一半时间却对你很好，这会让你失去判断力。记住，即使一个人只是偶尔辱骂你，这仍然是一种虐待关系。通常，煤气灯操纵者并不是彻头彻尾的坏人——如果那样的话就好办多了。他们有时候仍然会表现得体贴入微。（这通常出现在他意识到你已决定和他抗争之后，因为他害怕自己的真实面目会很快暴露在人前。）

在本书第 2 章，你已经了解到恋情伊始，煤气灯操纵者会对你展开爱情攻势。在他们的猛烈追求和不断示好下，你会被迷得神魂颠倒，体会到一种从未有过的感受。他们对你不吝赞美之词，说你如此完美，你的出现就是他们生活里最奇妙的事情，他们花了一生苦苦等候你的到来。然而，这美好的一切终究会逝去。

他们把你置于神坛上顶礼膜拜。但从你跌下神坛那一刻起，你便再无可能回到最初。再无可能。他们从一开始的赞美崇拜，摇身一变，开始对你百般贬低和诋毁。在他们看来，你简直就是一事无成、百无一用。他们甚至会说，不知道当初怎么就看上你了。感情伊始，你可能就注意到了暴力行为的蛛丝马迹——对你体重或外表的调侃，或嘲笑你笨手笨脚，甚至榆木脑袋。一旦你表现出脆弱或者对自己的不确定，他们的控制和羞辱行为便会快速升级。

接下来，他们可能会诋毁你的家人糟糕透顶、一无是处。他们会诋毁你的朋友们只会带坏你，衣着不上档次或穿着淫荡。他们说你看望家人或朋友，回家以后会对他们态度极差，为了你们的感情，你应该减少和家人、朋友在一起的时间。他们会以离开你来迫使你尽量多和他们在一起。他们会抱怨说这是目前为止最糟糕、最不称心的一段感情。

如果你怀疑他出轨了，他们会说你疯了，叫你偏执狂。他们会说是因为你一直疑神疑鬼，他们才转投入他人怀抱。如果你有了他们不忠的证据，他们仍然会坚称自己没有出轨，一直给他们发信息的人是疯狂迷恋自己的前任。他们声称已经担心你的精神状况很久了，而你一直指责他们出轨就证明了其实是你精神有问题。

一旦你说要离开，或者你再也受不了了，突然之间，他们开始悔改。他们向你保证会竭尽全力让一切重归于好。他们会给你送花，为你做饭，做所有你期望他们做的事情。但是他们的动机不纯，他们只是担心会失去对你的控制。在第 2 章中，你已经了解了"浓情蜜意"策略——煤气灯操纵者会施展全力去挽回你。一旦你重回他们的控制，虐待模式便会重启，而且会愈演愈烈。

从蜜月期到暴力阶段到悔改再到蜜月期的循环会周而复始，永无休止。注意，每经历一个循环周期，暴力行为便会变本加厉。最好的选择便是从这段感情中抽身而去。

当你抽身而去

> 我曾受过威胁，我的孩子甚至宠物都受到过威胁。我正在努力抽身，如果我说自己不害怕，那是在撒谎。
>
> ——法蒂玛，38 岁

一旦你起身反抗，你会发现煤气灯操纵者的态度会发生骤变。他们会从最初的震惊快速转为愤怒，最终表示后悔。这一切是因为他们不希望自己的行为被公众知晓，因为这会毁掉他们的完美人设。

当受害者告诉煤气灯操纵者他们要离开，或者要举报操纵者的虐待行为时，他们通常会听到：

- "你觉得谁会相信你？"
- "我位高权重，而你一文不值。没有人会相信你。"
- "你会毁了自己的事业。"
- "你会毁了我的事业。"
- "去吧，反正大家都觉得你疯了。"
- "好啊，去报警吧。你知道他们要逮捕的是你，不是我。"
- "警察会把我们俩都抓起来。你真的想让你的孩子被送去寄养吗？"
- "他们会把孩子从你身边带走。"
- "我会把孩子从你身边带走。"
- "那样的话，你就永远别想再见到孩子了。"
- "你以后就没地方住了。"
- "我肯定会告诉他们你是怎么虐待我的。"
- "什么？嫌我给你的钱太少了？你有地方住还不都是我的功劳？"

在煤气灯操纵者厉声责骂时，有些家庭暴力的受害者用手机录下了他们的恶劣行径。他们不想让别人看到自己的真实面目，因此这会很快让他们停下来。但是，这也有可能导致他们毁坏受害者的手机，或者直接把手机抢走。如果你要用手机录像，一定要加倍小心。

如果是煤气灯操纵者为你支付手机话费的，他可能会宣称自己有权随时查看你的手机。他也有可能收走你的手机，这样你就没法联系家人和朋友了。如果你考虑离开，买一部备用的"应急手机"——除了少数紧急联系人以外，不要把号码告诉任何人。这样，即使煤气灯操纵者收走了你的手机，你仍然可以和外界保持某种程度的联系。如果是你自己支付手机话费，而煤气灯操纵者毁坏或拿走了你的手机，这一行为已经构成了蓄意破坏或盗窃他人财产，你可以报警。

2016年，朱迪斯·维斯特博士（Dr. Judith Wuest）和玛丽琳·梅利特－格雷（Marilyn Merritt-Gray）曾指出，离开一段虐待关系需要四个阶段：反抗虐待、挣脱控制、不再回头以及重新开始。你首先要制订好计划。离开以后你要去哪里？你有没有备好应急包，装好必需品和药物？哪个家庭暴力庇护所可以接纳你？你可以选择哪些法律服务？……

从这段感情中离开可能是你一生中所做的最为艰难的事情之一。你的任务是竭尽所能地照顾好自己和孩子，以及永远不要重蹈覆辙。同时，以后你也要留意一些蛛丝马迹，观察某个潜在的伴侣是否有虐待倾向。想要了解更多关于煤气灯操纵者的红色警报，请参阅第3章。

你和你的孩子有必要开始接受心理疏导。很可能你已经遭受了多年的虐待，需要找专业人士谈一谈，看看应该如何处理你的感受及已经造成的伤害，并帮你重拾自信和独立，这样你就不会再心软回头。更多关于心理咨询的信息，请参阅第10章。

一定要明白，虐待关系永远不会有所改善，而且会持续升级、变本加厉，很多时候甚至会以被虐者的死亡告终。虐待者不会意识到自己的错误，不会真心道歉，更不会努力改变并提升自己。他们可以甜言蜜语、满口承诺，但是你要明白，他们从不真正试图寻求帮助或改变他们的这种暴力行为。煤气灯操纵者满口空话，并且屡教不改。如果你曾经觉得你们可以维持这段感情，是时候放弃这种想法了。在第一次出现控制和虐待的迹象时，这段感情就被判了死刑。

致命暴力即将来临的信号

你要明白，摆脱一段虐待关系可能是你得以幸存的唯一机会。如果你陷入了一段和煤气灯操纵者的虐待关系之中，但凡他有以下任何一个特征，你就更可能因家庭暴力被杀害。

- 有家庭暴力前科
- 有暴力行为前科
- 原生家庭就存在家庭暴力
- 暴力事件越来越多地涉及肢体冲突
- 语言威胁，不仅仅是公然宣称要杀了你，还包括一些暗示，比如"你的好日子很快就要到头了"
- 与某些暴力罪犯有联系
- 在你们的感情开始之前或之后，曾虐待、杀害过宠物

　　你必须赶紧离开。如若不及时从这段关系中抽身而出，你就是将自己和孩子置于危及生命的危险之中。彼得·杰夫博士（Peter Jaffe）及其同事在 2017 年的一篇期刊论文中提到，如果你身处一段虐待关系中，并打算分居，你的孩子更有可能被施虐者出于报复心理而杀害。他们还发现，每年被杀害的近四万名儿童中，超过一半是被他们的父亲或继父杀害。

　　因此，即使不是为了自己的幸福，考虑到孩子的幸福，也请赶紧离开。

家庭暴力对孩子的影响

　　如果你是家庭暴力的受害者，你能给予孩子的情感关怀就会减少。玛丽安娜·伯克尔博士（Dr. Mariana Boeckel）及其同事在 2015 年研究发现家庭暴力越严重，母亲和孩子之间的情感纽带就越脆弱。情感纽带越脆弱，孩子的创伤后应激障碍就越严重。

　　如果你的孩子身处家暴的环境之中，他极可能会目睹煤气灯操纵者虐待他的宠物。谢尔比·麦克唐纳博士（Dr. Shelby McDonald）及其同事在 2017 年研究发现，身处家暴环境，目睹宠物受虐以后，孩子遭受感情创伤的概率会极大增加。而煤气灯操纵者故意在孩子面前虐待宠物，就是为了能控制孩子。

创伤性联结和斯德哥尔摩综合征

关于家庭暴力，最令人费解的一点是，在一段感情中，每发生一次虐待事件，夫妻双方的大脑中都会产生一种化学反应，将他们更紧密地联系在一起——即使一方是作恶者，另一方是受害者。这叫作创伤性联结（trauma bonding）。所谓的斯德哥尔摩综合征也发生在虐待关系中：受虐者对施虐者产生共情，甚至会为他和他的施虐行为辩护。创伤性联结和斯德哥尔摩综合征是受虐者难以离开一段虐待关系的两大原因。离开可能会非常困难。如果你意识到自己正处于这一境地，请参阅本书第 10 章，了解更多如何获得帮助的建议。

你可能会被煤气灯操纵者控告

现在，人们觉得站出来揭发骚扰更为安全，而这一现象的负面影响是，一些煤气灯操纵者会宣称自己才是受虐者，做出虚假指控来报复员工或者之前的合伙人。不幸的是，骚扰虐待行为通常是众说纷纭，各执一词，很容易捏造事实以进行虚假指控——这一行为剥夺了合法投诉的合法性。

在没有确凿证据（如视频）的情况下，我们很难分清虚假投诉和合法投诉。这也是为何骚扰行为受害者不愿公开谈及自己遭遇的原因之一。如果你遭到了虚假的骚扰投诉，请及时咨询律师。

约会时的暴力

根据美国国家性暴力资源中心（National Sexual Violence Resource Center）2015 年的数据，1/5 的女性曾遭到强奸，其中 8/10 的女性认识施暴者。约会强奸是一种十分真实的危险，特别是当女性和一个煤气灯操纵者约会时。强奸关乎权力和控制，而这正是煤气灯操纵者所追求的。建议女性在与煤气灯操纵者约会时，千万不要把饮品放在自己的视线之外，以防被偷偷下药。你要在手机上设置一位紧急联系人，即使你给他发送了一条空白短信，他也会立即赶来救你。去约会之前，一定要告知家人或朋友你的约会地点。更多关于煤气灯操纵者的红色警报，请参阅第 3 章。

如果你发现自己受到了虐待，要知道你并不是在孤军奋战。本书中提供了很多关于如何对付以及离开煤气灯操纵者的建议。

⌘ ⌘ ⌘

现在你知道了，煤气灯操纵者来自各行各业，可能是能够主宰你情绪的配偶，也可能是某个有权有势的大人物，他们知道自己可以逍遥法外所以为所欲为。

第 6 章

那些让你烦躁不安的血亲

家庭中的煤气灯操纵者

我的继父一直在操纵我的母亲。他会和她说一些事情，后来却否认"不，我从没说过那些。"一开始我会告诉母亲我也亲耳听到过他说的那些话，但是现在她却转过头来指责我是不是不喜欢继父，所以才想方设法要把他们拆散。我真受不了了。

——利亚姆，20 岁

正如之前所述，煤气灯操纵者拥有很多相似的行为。但是，家庭内的煤气灯操纵者最为惹人恼怒，也最难以对付。你将会看到，他们有一些独有的特征和诡计。同时，血肉亲情的关系让我们难以轻易摆脱他们，特别是在我们小时候。甚至在长大以后，我们也会不时在节假日、家庭聚会时见到他们，他们也可能就住在你家附近。他们如同不断溃烂的疮，令人苦不堪言。通常，对于如何激怒你，他们了然于心——并怡然自得地享受随之而来的混乱。或许，你在家庭中已经注意到了煤气灯操纵者的这些问题。

在本章中，我们会探讨如何发现家庭中的煤气灯操纵者，以及如何才能保护自己。

正面对抗没有用

> 我的阿姨总是抱怨家里的所有人都疯了，一点儿道理都不讲。她有没有想过，自己才是发疯的那个？天啊，她毫无自知之明。我也不会告诉她，这个女人太可怕了。
>
> ——弗朗索瓦，28 岁

煤气灯操纵者从来不会承认自己的恶劣行径。当你当面质问家庭中的煤气灯操纵者时，他们会说你"太敏感了"或"真开不起玩笑"。如果他们当着你的面把刚才发生的一切告诉家里其他人，不用感到惊讶。他们想报复你，让你尴尬。请坚持你的立场。敢于大声指出他们的操纵行为需要极大的勇气。如果可以的话，寻求他人的支持，但请一定要坚持住。

他们会毁掉假期

> 在感恩节晚餐上，父亲会告诉所有亲戚我如何"令人讨厌"，如何无缘无故地大哭。看到他们怜悯的表情，我都懒得反驳他，反驳毫无意义，我那时才 9 岁。
>
> ——詹姆斯，25 岁

煤气灯操纵者会把假期当作一个绝佳机会，制造混乱。

他们痛恨人们的幸福，因为幸福、和谐的家庭环境可没有他们"登场的机会"，他们在其中只会觉得万分难熬。他们会想尽办法让快乐的假期变得混乱不堪。他们会在假期聚会上制造分化，让人们相互为敌。他们会当着大家的面或者你带来和家人见面的新男友、女友的面，讲起你曾经做过的令人尴尬或不恰当的事情，即使你请他们停下来也无济于事。

同时，煤气灯操纵者也因为送人不恰当或廉价的礼物而臭名昭著。他们从不吝惜在自己身上花钱，甚至会大肆炫耀为自己买的东西，但是他们送给别人的礼物通常都低劣廉价。大多数时候，礼物和你的兴趣或身份毫无关系。他们才不关心自己以外的人。而且，他们之所以送你这样的礼物，一部分目的是向你发出信号，为你的独立、快乐而惩罚你。

他们强迫你为他们做事

> 在成长过程中，我几乎每天都待在自己的房间里闭门不出，因为如果妈妈让我去做件事，我要么做得不对，要么动作不够快。我甚至从不敢奢望一声"谢谢"，只要不挨批评就谢天谢地了。如果我没在十分钟之内起身行动，我就完蛋了。
>
> ——杰拉德，44 岁

家庭中的煤气灯操纵者想让你觉得自己可以自由选择，但实际上你毫无选择。这就是典型的"做也不对，不做也不对"的情景。如果你不听从他们的要求，你会受到折磨。如果听从了，你就总是出错。当然，你确实有一个选择——除非你愿意，不然他们也无法让你去做任何事。但是你和他们待在一起的时间已经太久了，久到你会觉得选择的权利已经被剥夺了。

他们会使用"飞猴"

关于煤气灯操纵者，并不是家里所有人都和你持有同样的看法。不要指望其他家庭成员或朋友能感同身受。在第 2 章中，我们提到了"飞猴"。煤气灯操纵者会利用这些人把你"拉回正轨"。家人和朋友最适合扮演这一角色。煤气灯操纵者会告诉他们对你说什么你才会照做。飞猴也经常充当告密者，向煤气灯操纵者汇报你是如何谈论他的，以及你在生活中的其他事实和细节。如果你告诉某个飞猴，煤气灯操纵者对你施虐，飞猴会把这句话传给煤气灯操纵者，而操纵者会编造故事，告诉飞猴你才是那个真正发疯施虐的人。

通常而言，把你疏远煤气灯操纵者的原因告诉家人或朋友并不是一个好主意。家庭关系一般都很紧密，你很可能会因为限制或断绝和操纵者的交往而受到批评或嘲笑。但是请记住：你无须为自己辩解。你的决定就是你的决定。你有权因为任何理由远离某人或与其一刀两断。

他们会利用老好人

在一个家庭里，通常会有一个人试图为煤气灯操纵者开脱。有人当面反抗煤气灯操纵者或让操纵者心烦的时候，老好人会感到不安，因为他们将回避冲突作为一种生存策略。

如果你具有讨好型人格，扪心自问一下：为什么？你害怕煤气灯操纵者吗？或者你自己不确定什么是正常行为，什么不是。如果你和煤气灯操纵者一起生活过一段时间，你可能都搞不清什么才是正常行为。

　　安慰煤气灯操纵者时，你的内心可能会产生冲突。你无法表达自己内心的真实感受，这让你的内心充满了愤懑。因为你如果实话实说，会激怒他们。

> 我读过一些关于反社会人格者的东西，我当时就觉得，这说的不就是我妹妹嘛！一旦我因为她做的一些破事指责她，我妈妈就会第一时间跑过来，告诉我要对妹妹好一点儿，她过得太不容易了。不容易？开玩笑吧？她一天都没有工作过，所有的花销都是爸妈给的。
>
> ——奈玛，22 岁

他们不会为你高兴

> 我母亲一直问我们什么时候给她生个外孙。经过好几年的尝试，我终于怀孕了。我们告诉她这个好消息时，她说的第一句话是，"别指望我给你们看孩子"。
>
> ——朗尼，30 岁
>
> 我母亲要我必须考上法学院。她说法学院以外的选择都是将就。她从未上过大学。我毕业时成绩名列前茅，她却在毕业典礼上说："真不知道你兴奋个什么劲儿，又不是找到工作了。"
>
> ——雅各布，33 岁

　　煤气灯操纵者会想尽办法破坏你取得的成就，因为它们代表了你的独立。例如，如果你是家中第一个上大学的人，煤气灯操纵者可能会说你是在浪费时间，或者指责你觉得自己比别人都强，心理健全的亲戚则会鼓励你继续深造。

　　正如例子中朗尼的母亲和雅各布的母亲一样，煤气灯操纵者也可能说话会含糊不清、自相矛盾。他们会要求你做某件事，当你真的做到时，他们要么不予理睬，说自己从未提过这样的要求，要么表现得似乎是你在给他们增加负担。你反复被要求去做某一件事，经过努力达到了要求，最终却发现自己仍然无法满足他们的期待，这会令人困惑不已。但基本事实是：和煤气灯操纵者打交道时，你永远无法令他们满意或满足他们的需求。这是不可能完成的任务。这也是症结所在。他们永远无法为你高兴，你做得再好也无济于事。

　　以上这些操纵方法几乎是家庭中或其他亲密关系中特有的，因为家人和亲戚可以在情感上绑架你。你的经理或同事则无法深入你的内心。尽管有些人能够让你怒不可遏、失去理智，但他们也不可能经常出现在你的生活中或与你有情感羁绊。

有坏事发生时，他们不会变成好人

　　一如往常，我母亲不断地抱怨。我受够了，告诉她我流产了，心情很差。她生气了，嫌我没有早点儿告诉她，接下来却又开始了无尽的抱怨。

　　　　　　　　　　　　　　　　　　——霍莉，28 岁

可能有人会想，当煤气灯操纵者或其家人遭遇不幸时，会在他们身上看到一丝仁慈或善念。不会。他们会设法掩饰过去，然后继续我行我素。坏事不会改变他们，他们的家人也会感到困惑，家人原以为："嗨，可能这（一件坏事）最终会让他们重新思考生活，重新审视自己对待他人的方式。"对于煤气灯操纵者而言，最终的审判评估永远不会来临。这就意味着你要放弃那些"事情总会有所改变"的幻想。

擅于煤气灯操纵的父母

在我大概 15 岁的时候，朋友和我说我的父母怎么老是吵架。我问她，"你的父母不这样吗？"她说从不，他们有时会吵几句，但从来没有冲对方大吼大叫。那是我第一次意识到并非所有的父母都是那样的。

——如菲，35 岁

从小我就觉得自己不大正常，因为我总会记得一些母亲发誓从未发生过的事情。我想可能是我疯了。

——拉斐尔，65 岁

父母可能就是煤气灯操纵者。心理健全的父母会为子女提供支持，让子女茁壮成长。他们为子女提供引导，帮助孩子成长为幸福、优秀的成年人。让这些父母最高兴的莫过于他们的孩子成功地成长为身心健全的成年人。但是，擅于煤气灯操纵的父母却大相径庭，他们操纵、破坏、与自己的子女竞争，同时竭尽全力阻止子女成长为独立的个体。在本章，你会了解这类父母是如何影响子女的，让子女无法成长为健康、幸福的成年人。

如果你的父母有一方是煤气灯操纵者，你可能会发现自己不像同龄人那么快乐和身心健全。你可能会发现与他人相比，自己更容易与煤气灯操纵者纠缠不清。我们通过观察模仿父母学会如何与这个世界互动。如果你的父母一直都在操纵和干涉他人，你极可能认为那就是正常的行为方式。

他们不愿孩子成长为独立的个体

我清晰地记得青春期时我第一次对母亲说"不"。为什么会如此清晰？因为她一个月没搭理我。

——宝琳娜，45 岁

我的父亲极其擅长对我们不理不睬。我都不知道他怎么能做到对我们视而不见的，仿佛我们不存在一样。他太冷漠了。

——夏洛特，28 岁

成长为独立于父母之外的个体，是人类发展过程中正常而健康的一部分。这意味着你正在学习如何独自应对世界。我们的第一次个体化体验是在蹒跚学步的时候。"可怕的两岁"的特征是说很多"不"。青春期前和青春期也是个体化的时期。心理健全的父母承认这些时期是令人沮丧的，但是他们内心深处知道，你成长为独立的个体是一件好事。

对煤气灯操纵者而言，你的个体化意味着他们正在逐渐失去对你的控制，他们对此深恶痛绝。你可能已经发现了，直到你的青春期前，父母都对你很好，通常在刚刚步入青春期时，他们突然开始对你极尽讽刺挖苦，或故意忽视你，或对你不理不睬。到底发生了什么？煤气灯操纵者意识到你不再是他的"迷你版"，他不会把青春期视为一个正常的发展阶段，加倍支持你，而是把青春期视为他们被你抛弃的开端。而煤气灯操纵者无法忍受这一点。

他们是臭名昭著的施虐者

虐待有不同的形式：身体虐待、情感虐待、性虐待以及忽视。如果你的父母有一方是煤气灯操纵者，你很可能会遭遇以上多种虐待形式。对他们来说，这些行为可能看起来只是生活中的正常组成部分。如果你曾被虐待过，一定要向心理健康专业人士咨询。记住，被虐待不是你的错。擅于煤气灯操纵的施虐者应该对此负全责。

他们让你进退两难

进退两难就是陷入"做也不对，不做也不对"的境地。你的父母给了你两个相互矛盾的信息。例如，她喋喋不休地说你要减肥，却又做了一大批布朗尼蛋糕。或者她告诉你，你要马上准备好去上学，却又随手递给你便携式游戏设备。进退两难会让人在情感上变得痛苦不堪，事业上一事无成。对煤气灯操纵者而言，目睹你遭受压力和紧张，会加强他们的成就感，让他们觉得自己可以控制你。

> 青春期时，母亲总说我"又矮又胖"，但她总是做一大批布朗尼蛋糕，并把它们摆在厨房的柜子上。
>
> ——杰丽莎，34 岁

他们会和你竞争

> 我开始和一名律师约会，一个月以后，我母亲也开始和一名律师约会。我买了某一款车，紧接着我母亲也买了同款车。有人说模仿是最真诚的赞美，但是在这种情形下，它只会让我觉得毛骨悚然。
>
> ——萨沙，30岁

擅于煤气灯操纵的父母，尤其是同性的一方，通常会用不体面的方式和你竞争。当你还是青少年时，你用打工挣来的钱买了一件新外套，你的母亲也要买一件类似的外套。这种模仿行为会一直持续到你成年。这已经超出了为了和你感同身受而买类似款的范畴。对于煤气灯操纵者而言，他们只是不想你拥有更好的东西。你买了辆新车，他们也会去买一辆。他们无法容忍自己被你"甩在后面"。

身心健全的父母乐于见到自己的孩子有所成就。在某种程度上，这是父母教导有方，加上孩子自身努力的结果。煤气灯操纵者无法接受子女的成功并非完全得益于基因，而是有自身努力奋斗的成分。

他们试图让你为他们而活

擅于煤气灯操纵的父母不仅会与你竞争，还会试图让你为他们而活。你可能还没做好准备就被逼着去约会；你可能想参加国际象棋协会，而你的父亲却让你去踢足球，只是因为他在上中学时没能入选足球队。父母想要子女实现自己未完成的心愿，这种心态很正常。但是对于煤气灯操纵者而言，他们要子女为自己而活，这是一种病态的需求。

在棒球比赛或其他体育活动中冲着孩子或者裁判大喊大叫的父母也是煤气灯操纵者。这一切并非为了支持你或维护你，只关乎他们不惜一切代价要让自己的孩子赢。如果你将他们的期望照单全收，这就意味着你成了一个不断取悦父母的成年人，甚至触犯法律也在所不惜。

煤气灯操纵者的子女永远无法满足父母的期望。这类父母会苦心设计，让这些期望永远都无法达成。

他们与你的伴侣或朋友交往甚密

这一点经常会激起我的来访者的激烈反抗。你把男朋友或女朋友带回家时，你的父亲或母亲会讲一些令你尴尬的故事吗？这是典型的煤气灯操纵行为。又或是当你把朋友带回家时，你的父母会穿着暴露。你的父母有没有试图和你的朋友们称兄道弟，成为其中的一员？煤气灯操纵者无法容忍自己的子女得到更多的关注。他们会与子女争宠，最爱看到你的伴侣或朋友拜倒在他们的魅力下。这源自他们的自恋心理以及对关注的贪得无厌。

天之骄子和替罪羊

在父母一方或双方是煤气灯操纵

> 我母亲总是在我面前对我男朋友说一些不得体的话，这让我窘迫不已。我不得不找各种借口，不让男朋友进我的家门。
>
> ——谢莉，43 岁

> 我哥哥总能在圣诞节得到新玩具。我总是玩他不要的玩具。我父母全额支付了哥哥的学费，而他们告诉我我只能靠自己。
>
> ——莫里斯，70 岁

者的家庭中，一个孩子会成为"天之骄子"，另一个则会沦为"替罪羊"。天之骄子即使杀了人也能全身而退，替罪羊则会因为一点儿小错就受到惩罚。这一模式会持续到孩子们成年，从而引起兄弟姐妹之间的不和与冲突，甚至会导致一种病态的竞争。注意，每个人的角色都可能会毫无征兆地发生改变或互换：这一周你是"天之骄子"，下一周你就变成了"替罪羊"，一切都发生得莫名其妙。有时候，哪个孩子是哪个角色对这类父母而言无关紧要。这是因为煤气灯操纵者乐于将人理想化后再进行贬低，在第 1 章中我们曾提到过这一点。他们对于人性（任何人的个性都是多面的）缺乏基本的认识。他们根据自己在某一刻的需求，将孩子们看作非好即坏的人，而不存在好坏参半的过渡。

　　要终止这一循环，首先要认识到它，意识到这类父母的行为毫无逻辑可言。你和你的兄弟姐妹不自觉地被卷入了情感虐待的大旋涡。如果你的兄弟姐妹不是煤气灯操纵者（更多关于擅长煤气灯操纵的兄弟姐妹的内容，请参阅本章后面部分），也许是时候开诚布公地谈一谈了，把父母对待你的病态行为说出来。你的兄弟姐妹有可能和你一样感到被轻视。仅仅提一句你们的父母很难相处，就能成功地开启一段对话。

他们经常威胁剥夺你的继承权

　　每隔一周，我的母亲就会威胁说要把我从她的遗嘱中划掉。有一次她甚至让我交回房子的钥匙，说她再也不想见到我了。直到她意识到我是唯一肯帮她的人，其他人都被她疏远了。

　　　　　　　　　　　　　　　　　　　——唐娜，68 岁

> 一直以来，我父亲指责我是一个"差劲的儿子"，威胁要和我断绝关系。因此我一辈子都在努力取悦他。最终却发现他在遗嘱里什么东西也没有留给我。
>
> ——但丁，45 岁

当感到你在刻意疏远他们时，煤气灯操纵者的一个把戏就是威胁你：不再与你说话，把你的东西扔出去，或和你断绝关系（把你从遗嘱中划去）。

这些都很可能是虚张声势。等一等，看看他们能否说到做到。他们威胁说不再搭理你，这可能会是你一生之中最平静的时期之一。最终他们会联系你，通常是他们需要你的时候。你可能难以接受这一事实：你只是煤气灯操纵者满足需求的一个工具而已。但是与此同时，最终认清楚你是在与什么样的人打交道，也是一大解脱。

至于剥夺你的继承权，你会发现其实他们也没留下什么东西。煤气灯操纵者一般对财务管理一窍不通，他们会为了让自己光鲜亮丽而一掷千金，却没有为未来攒下钱财。假如擅于煤气灯操纵的父母去世了，即使你们关系不错，你也会发现自己几乎什么都得不到。

你招跳蚤了吗

读本书时你可能已经注意到，尽管你曾向自己保证永远不会复制你父母的这些行为，你却一直在重蹈覆辙。你要意识到，煤气灯操纵者的子女会不自知地学会一些他们小时候看到过的或经历过的行为，这很正常。毕竟，父母的言传身教给我们的人生上了第一堂课。

你从父母身上学到的煤气灯操纵行为被称为"跳蚤",因为俗话说"和狗躺一起,跳蚤满身挤",请不要过分自责。为了在环境中生存下去,你学会了一些应对技巧和操纵行为,并不意味着你自身就是一个煤气灯操纵者。但是不可否认,这些行为在当下是不合时宜的,因为作为成年人你已经不再需要它们了。作为孩子,你可能孤立无援,身心异常脆弱,无法与父母划清界限;但作为成年人,你有权设立自己的界限。

事情是这样的。如果你认为自己是一个煤气灯操纵者,极有可能你不是。真正有问题的是那些从不认为自己是煤气灯操纵者的人。布鲁克·多纳托内博士(Brooke Donatone, PhD)在其 2016 年发表的文章"卡洛琳效应"中指出,人格障碍患者的子女可能会被误诊为人格障碍。这是因为他们没能掌握足够的应对技能而表现出人格障碍行为。正如你之前在本书中读到的,煤气灯操纵行为在 B 群人格障碍患者身上极为普遍——表演型人格障碍、自恋型人格障碍、反社会型人格障碍、边缘型人格障碍。如果你被诊断为患有某种和你的父母同样或类似的人格障碍,请考虑一下重新进行评估。如果你认为自己是一个煤气灯操纵者,请参阅第 9 章,了解更多关于煤气灯操纵者如何自救的内容。

你从煤气灯操纵者身上招到"跳蚤"的迹象:

- 你在那些根本无须撒谎的事情上言辞不坦诚
- 平平淡淡的生活会让你觉得很奇怪或不舒服

- 为了让自己感觉好一点儿，你会在自己的人际关系中故意制造冲突
- 你期待别人能领会你未说出口的需求
- 你发现，相比直接要求，操纵别人去满足你的需要会更容易
- 你容易被情感上疏离的人吸引
- 你发现自己使用了某些和你的煤气灯操纵者父母同样的养育"技巧"：因为孩子没能明白或满足你的需求而惩罚他们；主要通过大吼大叫来沟通；对他们不理不睬、视而不见，或者明显偏爱某个孩子

如果你的父母是煤气灯操纵者，你一定要接受心理咨询。你可能会发现这类父母的子女和酗酒者的成年子女有类似的行为，因此关于酗酒者的成年子女的信息可能会对你有所帮助。如果你的父母既是煤气灯操纵者，又是酗酒者，那么这类信息就更有参照性了。更多关于心理咨询的信息，请参阅第 10 章。

你的煤气灯操纵者父母与你的孩子

我下班回到家，发现孩子们正在看一部恐怖电影，而我的公公在一旁看着他们。他明明知道最小的孩子会害怕。似乎越告诉他别做什么，他就越会去做。

——尼娅，38 岁

如果你的父母是煤气灯操纵者，一定要为你的孩子做好预防措施。请不要把孩子单独交给他们，那是不安全的。我

曾经听说过有擅于心理操纵的祖父母给患有糖尿病的孙子孙女吃巧克力。我也曾看到过这类的祖父母告诉孙子孙女，他们的父母不让他们吃糖，对他们简直太刻薄了。你告诉他们别带孩子去公园，他们会偏偏这样做。你告诉他们孩子犯错了就不能带她去商店，他们偏偏会买礼物给孩子。当你因此而当面质问他们时，他们会说"你就是不想让她像其他孩子一样开心"等诸如此类的话，而且通常会有意让你的孩子听到。

如果和你的孩子单独在一起，擅于心理操纵的祖父母可能会：

- 破坏你定下的规则
- 不遵循孩子的饮食限制，比如喂孩子某种会过敏的食物
- 不按规定给孩子吃药
- 告诉你的孩子你不是一位好家长

煤气灯操纵者热衷于挑起事端、引人注目的感觉，没有什么比带着你的孩子去急诊室更富有戏剧性、更引人注目的事情了。当面对质问时，他们可能假装忘记或犯糊涂，但这只是他们掩盖自己险恶用心的幌子。不用怀疑，煤气灯操纵者就是故意要伤害你的孩子——只是为了博取关注并获得权力。

我岳母知道我女儿对草莓过敏。她从急诊室给我打电话，说她给孩子吃了草莓味的冰激凌。她没有老年痴呆，她只是喜欢闯祸引起关注（的感觉）。现在我们再也不让孩子单独和她待在一起了。

——杰基，35 岁

看护擅于煤气灯操纵的父母

> 我母亲病得很厉害，但是她坚持"按自己的方式"吃药，不遵医嘱。当年我试着去帮助她时，她反而对我大喊大叫，说我一文不值。
>
> ——帕姆，45 岁
>
> 我母亲有轻微的残疾，但她会故意把自己的身体搞坏。然后，她希望我立刻跑过去照顾她，一旦我没有随叫随到，她就会勃然大怒。
>
> ——赛斯，40 岁

　　或许你需要照顾卧病在床或生命垂危的擅于煤气灯操纵的父母。你可能已经猜到了，疾病甚至死亡都无法让他们真正悔改。事实上，他们似乎变得更坏了。看到一个濒死之人还在尽力讽刺挖苦别人，你会感到不可思议。

　　擅于煤气灯操纵的父母可能会拒绝按医嘱服药，甚至可能拒绝服药。他们也可能不听从医生的指令。他们会告诉你，相较于医生，他们更清楚如何更好地照顾自己。而且他们对此深信不疑。照顾这些毫不在意自己的健康的人，只会令人疯掉。

　　在看护父母时你有一个选择：你不是必须要去照顾他们的，只是你选择了去照顾他们。你可能会想："但是没有其他人会照顾他，只能是我了。他跟所有人都处得不好。"照顾他们仍然是你自己的选择。当你意识到这是你的选择而非强制性的要求时，看护父母可能会变得略微好受一些。

　　无论父母病得多厉害，他也不应该在语言上或情感上虐待你。不管你是不是地球上最后一个能照顾他的人，这样对待你是绝对无法令人忍受的。如果你受到了虐待，是时候寻求帮助了，至少找别人接手一部分看护工作。

当你的父母去世时

> 父亲去世后我觉得如释重负。我对此感到非常内疚。直到一个朋友对我说，"你现在终于自由了，这是你应得的"，我才觉得好受了一些。
>
> ——艾丽莎，48 岁
>
> 直到我母亲去世，我才真正心安落定。度过第一个没有她的圣诞节感觉简直太棒了。
>
> ——安娜，45 岁

当擅于煤气灯操纵的父母去世以后，很多人会感到松了一口气。这可能会令人困惑或引起一些负罪感。但这是情有可原的。体会到一种"五味杂陈"的哀伤也是正常的。这种哀伤是一种复杂的感受，掺杂着愤怒和追忆逝者的情结。我建议你寻求心理咨询来谈论这些复杂的感受。如果有人说，你竟然对父母的离世表现得无动于衷，你要知道这根本是毫无理由的指责。悲伤可能是普遍存在的，但是悲伤的感受因人而异。如果你的煤气灯操纵者父母极其擅于隐藏自己的操纵行为，人们可能会指责你对他们的去世表现得不够悲伤。记住，这些人从未和他们一起生活过，对真实情况一无所知。

有人会说，你的父母是多么好的人啊，你看起来怎么不是很伤心呢？如何回应这些评论呢？最好的反应就是置之不理，什么也不说。告诉他们你的父母有多可怕有用吗？没有，他们会说那不可能是真的。你不需要另外一个人来否认你的现实。

在 2013 年的《里诺公报》(*Reno Gazette-Journal*) 上，我读到了一名母亲的讣告：

她的 8 个孩子中，有 6 个幸存下来。一生中，她穷尽各种手段不断地折磨孩子们。在忽视或虐待她的孩子时，她不许任何其他人关心或同情他们。在他们长大成人以后，她会跟踪并折磨任何他们所爱的人。因为她憎恨温和、善良的人性，每一个遇到她的人，不论大人还是孩子，都被她的残忍所折磨，日复一日地活在暴力、犯罪活动及粗俗之中。

谨代表那些活在她邪恶、暴力的控制之下，被粗暴对待的孩子们，我们祝愿她在死后能够重温她让自己的孩子们遭受的每一份暴力、残忍和羞辱。噩梦终于结束了，她幸存的孩子们可以安度余生了。

我们中的大多数在帮助那些曾经遭受虐待的儿童的过程中重拾了内心的平静。我们希望她的离世能让大家再次认识到虐待儿童是不可饶恕、无耻至极的行为，虐待儿童的行为绝不能被原谅。

擅于煤气灯操纵的兄弟姐妹

还有谁能和擅于煤气灯操纵的父母相提并论呢？那就是

擅于心理操纵的兄弟姐妹。正如你在本章所看到的，你和你的兄弟姐妹会从你们的父母身上习得某些煤气灯操纵者的特征（招到"跳蚤"）。然而，有时候兄弟姐妹本身就是彻头彻尾的煤气灯操纵者。他们并不只是具有某些操纵行为——他们是操纵行为的化身。我们先来谈谈父母的煤气灯操纵行为对兄弟姐妹的影响，然后我们会探讨那些擅于心理操纵的兄弟姐妹。

激烈的竞争

> 我姐姐很早就开始哄骗我了。她会让我去做一些坏事，告诉我如果我做了她就会给我钱。虽然她从来没有给过我钱，但我总会因此而惹上麻烦。她会骗父母说她对此毫不知情，让我一个人受罚。
>
> ——布丽安娜，24 岁

正如前面所讲，擅于煤气灯操纵的父母可能会在你和兄弟姐妹身上设置一个"天之骄子"和"替罪羊"的场景。你可能会和某个手足为了谁更好而陷入旷日持久的竞争。你们可能会不断地尝试去超越对方。你送给母亲一件特别的生日礼物，下一周你的兄弟姐妹就会送她一件更昂贵的礼物。煤气灯操纵者从不珍惜礼物，但这不是重点。你和兄弟姐妹仍会为了得到父母的赞赏或肯定而展开激烈的竞争。父母在你们小时候就设置了这样的相处方式，让你和兄弟姐妹互相争斗。没有什么事情比别人为了给他们留下深刻印象而互相争斗更令煤气灯操纵者开心的了。

你要意识到这种竞争是错误的，因为每个人都有自己的优点和缺点。一味地和兄弟姐妹竞争，你们可能根本从未真正地了解彼此。你永远无法完全赢得父母的肯定——既然如此，为什么不从另一层面去了解你的兄弟姐妹呢？正如本章之前所述，在家里，你和兄弟姐妹可能在耳濡目染之下学会了父母的某些操纵行为，但这并不意味着你们是真正的煤气灯操纵者。真正了解对方以后，你可能会发现作为孩子，你们谁也不是最后的赢家，而你们可能会喜欢上对方。修复关系永远都为时不晚。

兄弟姐妹的守护者

在小时候，为了保护自己的弟弟或妹妹不受擅于煤气灯操纵的父母的伤害，你可能已经做过多次尝试，却无济于事。很多煤气灯操纵者的子女长大成人以后，会因为无法做更多的事情来帮助自己的兄弟姐妹而内疚不已。然而，这类父母的操纵力极其强大，很多时候你都是势单力薄。记住，作为一个孩子，你没有责任保护家里的其他孩子。那是父母的职责，而他们失职了。

如果你的兄弟姐妹成长为一个煤气灯操纵者，当你回想起自己当初为了避免他变得和父母一样而极力保护他的情景，你可能会恼怒不已。你可能会觉得他对年幼时你对他的拯救行为毫无感激之情。那时你竭尽全力地保护他，而此刻他却处心积虑地想让你的日子更难过。不幸的是，这一刻你会意识到，生活中有些事情是你无法控制的，包括你的兄弟姐妹会成为怎样的人。你可能永远无法从兄弟姐妹那里得到你想要的肯定和感激。没关系，你知道自己已经尽力了。

　　请记住，如果你在成长过程中一直害怕擅长操纵的父母，而且深知自己永远无法与其分享自己的真实感受，那么成年后，你可能仍然会有这种恐惧。有时候，当你无法向令你烦躁的人表达自己的真实感受时，你会把它发泄到与你第二亲近的人——你的兄弟姐妹身上。这可能就是发生在你和兄弟姐妹身上的情形——你的兄弟姐妹是煤气灯操纵者，或者他/她只是把对父母的愤怒发泄到你的身上？和他/她一起参加心理治疗，可能会有助于治疗童年创伤并修复你们之间的关系。

伪装的弗洛伦斯·南丁格尔[一]

　　擅于煤气灯操纵的兄弟姐妹通常会扮演"英雄"的角色，似乎在全身心照顾生病或受伤的父母。记住，这种"拯救"行为只是一种表演，他只是想看起来像个好人。即使你是真正照顾父母的人，他也会毫不犹豫地把所有功劳据为己有。

> 我原以为母亲生病后，她起码会对我好一点儿。但事实上完全没有，她变得更差劲了。
>
> ——卡特琳娜，31 岁

　　如果他真的"挺身而出"照顾父母，也一定要盯紧他。众所周知，煤气灯操纵者擅长占老人或病人的便宜。为了在父母去世后能获得更多的钱或财物遗产，他们会试图让父母与其他子女反目。他也可能会从年迈或生病的父母那里拿钱。

　　[一]　弗洛伦斯·南丁格尔（Florence Nightingale，1820—1910），英国护士和统计学家，被誉为现代护理教育的奠基人，著有《护理札记》等。现在，全世界都在 5 月 12 日庆祝国际护士节来纪念她。

如果你有所怀疑，或者父母突然变得更关注他，会特意喊他过来对他大加褒奖，我建议你聘请律师、金融专业人士来检查父母的财务状况和看护安排，以免父母被他利用。

如果你的父母患有痴呆症，那么建立一套制衡系统就更为重要了，这样擅于操纵的兄弟姐妹就无法让父母与其他子女反目了。如果你的父母精神错乱，擅于操纵的兄弟姐妹肯定会忙不迭地搬来和父母同住并伺机展开行动。

父母去世后，你擅长操纵的兄弟姐妹会怎样

父母去世的时候，擅长操纵的兄弟姐妹可能会试着掌管家里的大权，一定要小心。他会违背遗嘱内容，拿走父母原本打算留给你的东西。如果你发现父母最近更改了遗嘱，给他分了更多的东西，也不用惊讶。你可以选择当面对质或把他告上法庭。从以往经验来看，你独自对抗他完全没有任何胜算。而法定代理人可以为你提供帮助。如果擅长操纵的兄弟姐妹，这个"天之骄子"被指定为父母遗嘱的执行人，情况会更加棘手。

擅于煤气灯操纵的子女

即使父母不是煤气灯操纵者，有时候子女也可能会表现出操纵行为。目睹自己的子女成为煤气灯操纵者会令人痛彻心扉——眼睁睁看着自己的亲生骨肉给别人（包括你自己）带来无尽的痛苦而无能为力。如果事情发生在你身上，你可能

会夜不能寐，反复质问自己，我到底做错了什么？子女成为煤气灯操纵者令人心碎，部分原因是你不得不放弃自己对子女未来所规划的美好蓝图。你生他们的气也很正常。

在这种情况下，我建议你可以做以下几件事情来照顾自己。

原谅自己

要有所改变，首先要知道这不是你的错。有的人天生就品性不佳。停止因为你的子女变成这样而自责，原谅自己。如果你读了这本书，我打赌你为了孩子的健康快乐已经竭尽所能。

如果你因为实施了操纵，从而影响到了子女，使他们成为煤气灯操纵者，请记住，作为成年人，我们要为自己的行为完全负责。如果你的子女责怪你，他是在试图推脱自己的责任，这是不可接受的。无论你认为自己对子女造成了多大影响，他们仍然要为自己的行为负起全部责任。

如果你认为自己至少对子女的操纵行为负有部分责任，可以考虑咨询心理健康专家或心理咨询师。负疚感极为沉重，它会左右你的判断力，甚至影响你的身体健康。心理咨询师可以帮助你厘清自己的感受——很多时候，只要有人愿意倾听，就能起到疗愈效果。用你的亲眼所见做例子，告诉咨询师你的子女实施操纵的程度，同时说出自己的真实感受——你认为对子女的这类行为自己该负多大责任。咨询师会帮助你厘清哪些是你的责任或你亏欠孩子的，而哪些不是。

你可以尝试着为自己的错误行为向孩子道歉，但是要记住，擅于操纵的子女可能不会以你期待的方式做出回应。事先与心理健康专家探讨一下尝试和解的做法，不失为建立起合乎实际的期待的好方法，甚至可以提前演练一下你要对孩子说的话。在尝试和解之前，和咨询师进行角色扮演，排练一下孩子会做何反应是非常有帮助的。如果你考虑和子女一起做心理治疗，询问一下你的咨询师有没有合适的推荐人选。拥有自己的咨询师对你意义重大。另外，你也可以询问一下咨询师能否带子女一起参加一次治疗。更多关于心理咨询和治疗的信息，请参阅第 10 章。

如果你为子女提供经济支持，无论是给他钱还是让他住在你的家里，请停止这样做。除非你的子女身有残疾，生活无法自理，否则你没有义务继续抚养你的成年子女。

好好审视一下子女的自立能力。只要他真心想自立，他完全可以靠自己，但是你并没有给他自立的理由。

当你把子女赶出家门或停止给他们钱时，要做好准备，各种侮辱会扑面而来。他可能会指责你应该为他的现状负全责，说你既残忍又无理、你疯了，或者声称他要和你一刀两断。记住，你把他赶出家门是为了遏制他的操纵行为，同时为自己的未来攒钱。

遗嘱一定要具体

如果你有一个擅长操纵的孩子，同时还有其他子女，请一定指定一个中立的第三方（如律师）作为你的遗嘱执行人。如果你有价值不菲的物品，一定要列清楚哪件物品属于哪个子女或哪个家庭成员。**千万不要把财物留给子女分割。**我目睹过一个煤气灯操纵者无视遗嘱中关于她和姐姐平分珠宝的规定，将刚刚去世的母亲的所有珠宝全部据为己有。

向律师咨询自己的个人财产和遗嘱情况，不要让子女参加这一会面。告知律师你和子女之间存在的问题，这样做是可行的——实际上，这会帮助他起草一份对你（和你的子女）最有利的遗嘱。当你的子女因为某些"重要信息"突然来访时，律师也能提前知道原因。

在你的遗嘱或医疗授权书上，考虑指定一个中立的第三方。你肯定不希望让一名煤气灯操纵者决定是否停止救治你的生命。

不要因为子女强迫而指定他作为你的遗嘱执行人。他这样做不是为了你好，而是为了占你的便宜，将你的钱和财物全部据为己有。煤气灯操纵者能说会道、行事狡猾，他们会想方设法地操纵你，让你指定他们作为遗嘱执行人。他们可能会：

- 告诉你其他子女不值得信任
- 告诉你会将你的财产和金钱捐给国家
- 威胁你如果不答应，就和你断绝联系
- 指责你对他们不好，这都是你亏欠他们的
- 威胁你再也不让你见孙子或外孙

这时，告诉他们，指定一位律师做执行人对每个人都有好处，在你去世以后，大家都能更轻松一些。不断在心里重复这一点，千万不要动摇。

如果你的子女尚未成年

如果你的孩子还未成年，一定要带他去做心理咨询。采用和善而权威的教育方式：孩子有发言权，但最终还是你说了算。如果你觉得孩子需要心理咨询，他就需要心理咨询。这就是最终决定。他不想去参加心理咨询有用吗？没用，无论如何他都必须要去。同时你也需要接受心理咨询。可能是你缺乏界限感，从而导致孩子的煤气灯操纵行为不断升级。

除了心理咨询，那些已经展现出操纵行为的孩子还需要严加管教。所有的孩子都需要遵守一定的行为规范，让孩子随心所欲、为所欲为的"放羊式"育儿方法是行不通的。因此，先带孩子去看心理健康专家；接下来，你也需要进行心理咨询。然后为孩子制定清晰明确的规则和限制，对他加以管教。这可能需要你作风强硬一点，你可能从未想过自己会如此强硬。但相信自己，你一定能做到。从长远来看，每个人都会从中受益。

如何与家中的煤气灯操纵者相处

你可能对家庭中的煤气灯操纵者有着非常矛盾、左右为难的心理——你想离他们越远越好，但是你又会因为不想靠近他们而心怀内疚。这些感受都很常见。

决定你是否真想参加家庭聚会

最理想的解决方案就是离他们越远越好。煤气灯操纵者极少会改变，

> 我学会了不和母亲交流任何个人信息或感受。因为我知道当争吵时，或在任何时候，她会拿这些来对付我。
>
> ——阿拉，45 岁

你无须让自己忍受他们的操纵。你有权过一种平静的生活，你的健康和幸福才是你首先要考虑的。

如果你更喜欢假期独自一人去旅游散心，那就去吧。为了保持健康，你有权做任何需要的事情。毕竟，你不会因为让自己遭受情感折磨而得到什么额外的好处。

如果你必须要去

如果你觉得自己必须要去参加一个有煤气灯操纵者在场的家庭聚会，那就试着从社会学研究人员的角度来看待这一经历。将你的家庭成员之间的互动视为一种数据搜集活动。你注意到了哪些模式呢？

如果煤气灯操纵者试图诱你上钩，或者试图激怒你，你可以装出困惑不解的样子。当他们别有用心地问你问题时，回答说"我真的没听明白"，这会让他们灰心丧气，并转向下一个目标。当然，他们也可能会变本加厉，更加肆无忌惮，你也要有应对之策。

感到自己开始生气时，到外面散散步，或者干脆离开桌子找个地方休整一下。请记住，煤气灯操纵者无法控制你的感受，你能够完全掌控自己的情绪。

如果你需要离开，那就起身告别。她会想方设法让你心怀内疚并选择留下来。她甚至可能会威胁你，如果离开就和你断绝关系。你要做对自己最有利的选择——摆脱一个病态的情境才是你在当时最好的选择。

> 母亲威胁我说，如果我不吃完这顿圣诞晚餐，她就再也不理我了。我觉得这个主意不错。
>
> ——耶路沙，19 岁

自己选择家人

我的许多来访者都从惨痛的一课中受益匪浅，那就是仅仅与某人有血缘关系并不意味着你们是一家人。作为成年人的一大好处便是你可以自主进行选择。你可以和挚友组建自己的家庭——一个"精心设计的家庭"。家庭没有固定的定义，只要你想称之为家庭。如果你不愿意和那些擅于煤气灯操纵的家人一起过节，那就去创造新的节日传统。

> 我总是提醒自己，单纯的血缘关系并不意味着他们就是我的家人。只有我才能决定谁是我的家人。
>
> ——利奥，28 岁

请记住，没有那些擅于操纵的家人和亲戚，生活仍会继续。通常情况下，你最好的选择是离开，不再回头，虽然短期内这是一个艰难的选择。你没有义务留下来忍受煤气灯操纵行为。越早划清界限并开启自己的新生活，你会过得越好。如果你无法离开，试着与他们建立起更清晰的界限。寻求心理咨询。如果父母生病了，咨询一下律师、会计师如何保护自己和家人。成立一个由自己挑选的人组成的家庭。生活不必总是因为那些煤气灯操纵者而令人困惑不安、糟糕透顶。是时候看清现实，开启全新生活了。

⌘ ⌘ ⌘

有时我们选择与挚友组建某种意义上的家庭。然而，朋友也可能是煤气灯操纵者，也可以把你拖入深渊。在下一章中，你会了解如何辨别哪些朋友是煤气灯操纵者，以及如何摆脱一段不健康的友谊。

第 7 章

和这种人交朋友

友情中的煤气灯操纵

无须赘言，有些所谓的朋友也可能会对我们实施煤气灯操纵，他们可能会令你想起"敌友"这个词。人们普遍使用这个内涵丰富的新词来描述充满摩擦与冲突的友情，2010 年它被收录到《牛津英语词典》中，其定义是：尽管从根本上厌恶彼此甚至相互争斗，但仍与之为友的人。是不是听起来很像与煤气灯操纵者的友情？他会做一些让你大为恼火的事情，但你还是坚守着这段友情。他对你毫无益处，但是你早已习以为常，仿佛生活中没有他便不完整了一样。你可能会想，失去了这个朋友我可怎么办呢？首先你要明确的是，你会活得更快乐。

在本章中，你会了解如何应对擅于操纵的朋友和邻居——出于你的选择或仅仅是碰巧，你每天都得和这些人打交道，甚至比和亲戚接触得还要多。我们将探究这些关系中的特殊之处，以及如何保护自己不被他们伤害。

和所有的煤气灯操纵者一样，擅于操纵的朋友以让你痛苦为乐。他们是情感上的吸血鬼——和他们一起待一会儿，你便会感到筋疲力尽。他们会事无巨细地打探发生在你身上的所有不幸。但是，当你想和他们分享快乐时，他们却毫无兴致。煤气灯操纵者对于任何人身上发生的好事都不感兴趣。他们将你的成功视为对他们的"超越"，你是他们的竞争对手。这是因为他们认为世界上资源有限，他们错误地认为，如果你获得成功，他们成功的可能性就相应地减少。他们无法理解，为周围的人高兴能给他们带来更大的幸福和成功。这是他们的悲剧，但是这并不意味着你要忍受这一切。

如何与擅于操纵的朋友相处

小心那些长舌妇和长舌夫

> 我流产了，我的一个操纵狂朋友特意前来打探所有细节——我受了多少罪，我有多痛苦。她会不打招呼就突然来我家。后来，我顺利地生了宝宝，她就从我的生活中消失了，她甚至都没打电话恭喜我。
>
> ——桑德拉，30 岁

煤气灯操纵者是可怕的长舌妇、长舌夫。他们乐于打探他人生活中的不幸，并把它散布出去。这是他们赖以生存的精神食粮，会给他们一种可以操纵别人的力量感。于他们而言，他人的个人信息如同流通的货币，散布流言会让他们收获众人的关注。爱说三道四的普通人与煤气灯操纵者的区别在于，煤气灯操纵者散布别人的信息是为了搬弄是非、挑拨离间，以获得某种力量，而普通人一般是由于好管闲事，他们只是在向别人传播信息（尽管方式不当），煤气灯操纵者则是把信息当作武器。

如果你怀疑某个朋友是煤气灯操纵者，想一下他是如何和你谈起别人的。他是否喜欢说三道四，并因为别人遭遇不幸而欣喜？这是煤气灯操纵者的典型特征。而且我敢打赌他肯定也在背后这样议论过你。如果你觉得自己被八卦了，并且你不愿成为流言蜚语的对象，和这个朋友聊天时，一定要注意不要过多透露自己的信息。不要为他的八卦提供任何谈资。此外，一旦他又开始传播别人的隐私，不要待在那儿听。你的沉默是某种形式的共谋，意味着你可以接受他伤害别人。

八卦是人类的天性。它会让我们与他人产生联系，并感到自己举足轻重。但是，请停止八卦。设想一下你是他人的八卦对象会是什么感觉。如果你发现自己私底下告诉朋友的秘密被四处传播，你会做何感受？你很可能会感觉被背叛和伤害。八卦听起来不那么吸引人了吧？

一般来说，一个不错的做法是当某人不在场时，不要议论他。这极其适用于有煤气灯操纵者在的场合。还有一些方法可以在煤气灯操纵者八卦时阻止他们：

- 说："我不知道她是否想让我知道这些"
- 换个话题
- 走开

这里提醒一句，煤气灯操纵者乐于在别人背后说三道四，不要以为你可以改变这一点。他们永远不会停止议论人的长短，他们只会转而和别的人八卦，这样他们就可以"泄露秘密"了。

> 我的邻居会和我八卦另一个邻居和她丈夫的问题。我当下就意识到，千万不能和她说有关我的任何事。
>
> ——阿曼达，25 岁

别上钩：分裂和撒谎

> 我所谓的朋友会告诉我其他朋友是怎么议论我的，都是一些不堪入目的内容。这让我很不安。我甚至不清楚她们是否真的这样说过我。我想这个"朋友"是在故意骗我。
>
> ——琳，37 岁

我们在第 1 章就提到过，煤气灯操纵者擅于搬弄是非、挑拨离间。他们乐于看到人们相互争斗，而挑起这一争斗会让他们兴奋不已。他们引起对立最常用的伎俩便是，告诉你某个朋友私底下说你的坏话或诋毁你。他们要么说"今天我听到了一些关于你的流言"，希望你上钩并进一步追问是"一些"什么样的流言，要么直接告诉你"苏茜说她接受不了你对待孩子的方式"。煤气灯操纵者尤其喜欢说别人批评你的育儿方式，他们知道这会让你非常愤怒。

你可能真的很想知道苏茜是怎么说你的。首先请记住，除非你亲耳听到过苏茜说那些话，否则这很可能是煤气灯操纵者编造的。他们认为你肯定会走到苏茜面前直接质问她："你凭什么说我不是尽职的父母？"而苏茜很可能会加以反驳：

"我从来没那样说过!"

如果煤气灯操纵者告诉你有人背后说你坏话,你可以自动认定他在说谎。他们撒谎成性,并且丝毫不会觉得愧疚,特别是当撒谎能对他人施加控制时,更是如此。这就是为什么无八卦可说时,他们不惜编造谎言。他们热衷于说长道短的最大危险是,他们毫不在乎自己是不是在散布谣言。他们深知人们对别人的生活充满好奇,所以做了坏事以后,他们会马上编造谎言来转移人们对自己恶行的关注。尤其是当你要当众揭穿他们的行为时,他们更会采用这一策略。

> 我有一个朋友是煤气灯操纵者,她会不断在我耳边说,共同的朋友对我议论纷纷。每次我只是轻描淡写地说,"哦,那挺好的"。她最终收手了。我猜她对我平淡的回应感到厌烦。
>
> ——哈维,42 岁

当煤气灯操纵者暗示有人在背后说你坏话时,他们就是在诱惑你"上钩"。他们打赌你会像一条饥肠辘辘的鱼一样马上上钩。如果你上钩了,他们会获得巨大的力量感。那么,怎样才能不上钩呢?你可以说"哦"或"好的"。当煤气灯操纵者说"萨莉在背后说你了"等诸如此类的话时,只要不动声色地说"哦",通常便可以阻止他们继续。如果他再次诱你上钩,采用"一张坏唱片"的技巧——一直重复"哦"或"好的",直到他停下为止。说真的,谁在乎别人有没有说你坏话呢?人们有权自由地表达自己对他人的看法。正如他们所说,**别人怎么看你不关你的事**。

除了让人们反目成仇以外，煤气灯操纵者挑拨离间的另一原因是要把你和他人隔离开来。他们最希望的莫过于你视他们为唯一的朋友。他们认为，这样你就会全心全意地关注他们。为了孤立你，他们甚至不惜离间你和配偶或家人的关系。他们会告诉你，你的配偶说你的坏话。他们心知肚明，大多数人都会为此事耿耿于怀，并最终爆发出来。他们乐于引起你和配偶之间的争吵。不要给他们这样的权力。如果某个朋友对你说，你的配偶说了你的坏话，最好和对方确认一下，或者干脆抛之脑后，千万不要忍不住诱惑往最坏的方面想。

他们与你的配偶交朋友的真正目的

> 我丈夫给我看了一条我朋友发给他的短信，上面说她的洗碗机坏了需要帮忙。后面跟着一个眨眼的表情。我丈夫回复了她一些维修人员的联系方式。她之后再也没有联系过他。
>
> ——汉娜，28 岁

煤气灯操纵者通常会绞尽脑汁地和你的配偶建立一种特殊的关系。一定要小心提防。不要让她们知道你去外地了，只有配偶独自在家。为了与你的配偶独居一室，她们会想尽方法。她们会给你的配偶发信息说家里需要帮助，甚至可能会不打招呼就直接登门拜访。她们假装成你配偶的知心好友，并强调自己特别善解人意。她们十分清楚身处长期稳定感情中的人想听什么。这与你们的感情是否健康无关——任何人都渴望被倾听、被需要。煤气灯操纵者有一种神秘的能力，即使你们感情稳固，她们也能知道如何让你的配偶自我感觉更好。当煤气灯操纵者发现这一点以后，会不断地磨炼、完善这一技能。于她们而言，这只是一种游戏。她们从不会真正地共情或支持别人，而只是在想方设法接近你的配偶而已。

煤气灯操纵者专注于如何才能挖你的墙脚，尤其是在得知你们的感情出现问题的时候。无论你告诉了她们什么，她们都会利用这些信息来引诱你的伴侣上钩。如果你在私底下告诉她们你的健康出了问题，她们可能会和你的配偶说："有一个生病的配偶，日子肯定不好过吧。"她们可能会很微妙（或不那么微妙）地说出自己很健康——"还好我自己每天都坚持锻炼"。她们之所以这样说就是为了提醒你的配偶，有一个"更好的人"近在身边，而且不会成为他的负担。煤气灯操纵者无须直接说出来，暗示就足够了。

正如第 1 章所言，煤气灯操纵者的行为会缓慢升级，她们知道这样操纵他人会更为容易。敲开你家的门、直截了当地找你的伴侣，肯定不如缓慢推进更有成效。煤气灯操纵者会随着时间推移和你的伴侣建立一种亲密的情感联系。从她们自认为的他人应该有何种感受（而不是他人真正的感受）入手，因为她们缺乏真正的共情能力，她们正在践行我们在第 1 章提到的"认知共情"。

这类朋友会循序渐进地引诱你的配偶。你不在家时，她们会逐渐增加登门次数——只有你出城的时候，她们的洗衣机才会坏，这太奇怪了。一开始，她们可能只是一个微笑或一句赞美。随后，她们会暗送秋波，接下来，她们尝试靠近你的伴侣，甚至主动投怀送抱。

当然，有时候煤气灯操纵者和你的配偶看起来似乎只是朋友关系。然而，她们几乎总是别有用心。不要让她们和你的配偶单独在一起。你不在的时候，几乎没有任何正当理由要她们和你的配偶一起消磨时光。

你可能想提醒配偶要注意煤气灯操纵者。"贝蒂有点不对劲。如果我不在，千万别让她进来。"或者"我觉得贝蒂别有用心——如果她让你去她家里修理东西，千万别去。我们要和她划清界限。"你的配偶可能会说："别傻了，贝蒂是个好人。她是个单亲妈妈，需要别人帮忙。"你的反应呢？"她的所作所为让我担忧。我会给她一个维修人员的名单。"再强调一次，煤气灯操纵者热衷于被关注。她们表现得天真无邪、可爱甜美，你的配偶看不清她们的破坏性，这情有可原。

你怎么能确定自己不是在嫉妒呢？你会在煤气灯操纵者身上看到一种欺骗的行为模式。也许你曾目睹过这个朋友操纵他人，也许她曾试图挑拨你和其他朋友的关系。我们有理由认为她缺乏界限感。可能你曾听说过她勾引别人的配偶。当你看到她在你配偶面前的行为举止时，你会产生一种直觉：有点儿不对劲。相信你的直觉，它几乎不会出错。

她的一大目标是把你和你的配偶拆散，这样你就有更多的时间和她在一起了。但是她更大的目标是"偷走"你的配偶。她把这一切视为一场"一定要赢"的游戏。她毫不在意你、你的配偶或你们的关系。她当然更不关心你的感受。正如我们所知，煤气灯操纵者是连环骗子。你觉得她们真的在乎自己在破坏一个家庭和一段关系吗？她们毫不在乎。实际上，她们只会因为这种"胜利"而洋洋自得。

如果你的配偶最终出轨了一个煤气灯操纵者，但是他还想寻求你的原谅，在这种情形下，请认真考虑这段关系。一旦你的配偶和她分手，事情会急转直下，快速恶化。一旦她们觉得自己被"冤枉"，受到不公正的对待，她们会不惜一切代价毁掉你的家庭。她们毫不在意一开始是自己在做错事，她们的负罪感早已烟消云散。

如果你的配偶和一个煤气灯操纵者私订终身，闹笑话的就是他了。煤气灯操纵者"偷走"别人的配偶，就像获得了一件新玩具。一开始很有乐趣，很快她便会感到厌倦，然后把这个玩具和其他玩具一起扔到垃圾堆里。与此同时，你也躲过了一劫。你应该为能看到自己配偶的真实面目而感到庆幸。

无论如何，请记住配偶出轨不是你的错。责任全在煤气灯操纵者和你的配偶身上。煤气灯操纵者深谙如何伪装成善解人意、通情达理的样子，你的那个擅于煤气灯操纵的朋友极可能知道该说些什么来吸引你的配偶。你可能无法阻止事态的发展，只能努力从中吸取教训，避免以后重蹈覆辙。

如果孩子朋友的父母擅于操纵

我女儿邀她的朋友来家里玩。我知道她妈妈擅于操纵，我已经刻意疏远她了。但我认为没必要因为她妈妈是个操纵狂就不许我女儿和她一起玩。那天晚上我接到了她妈妈的电话，在电话里她骂骂咧咧，责怪我没有照顾好孩子，她女儿身上有瘀伤。我发誓，她女儿离开我家时，毫发无伤。

——罗莎，34 岁

> 我女儿的朋友和我说她想自杀，我立刻给她妈妈打电话，她妈妈操纵欲很强，说女儿只是夸大其词。我和这个妈妈说这很严重，我要打急救电话。她便开始对我大吼大叫，她骂我的那些话简直是难听至极。
>
> ——艾米丽，43 岁

如果你孩子的朋友有一个煤气灯操纵者父母，事情会格外难以应付。比如，这样的父母通常会缺乏界限感。如果他和你轮流接送孩子上下学，当你因为他的越界行为当面质问他时，他不会直接回答，而是会碰巧"忘记"接你的孩子放学。他可能会让你不由自主地卷入和其他家长的纷争之中。他可能会挑拨你和其他家长，甚至和学校管理人员的关系。你的名字可能会"无缘无故"地从家长志愿者的名单上或其他重要的名单上被划去，后来你发现，原来是这个擅于操纵的家长告诉老师是你要求退出的。这是一种被动的攻击。其目的是惩罚你，并把你的生活搅得天翻地覆。

如果你和煤气灯操纵者绝交，你就只能自己接送孩子上下学，这很不方便。但更大的问题是，你仍然会在学校活动和家长组织聚会上碰到他们。和他们断绝来往会让你感觉不便，浑身不自在。然而，不和他们切断联系则意味着你的孩子仍会和他们有来往，这会导致其他更大的问题。你可以要求老师限制这个心理操纵者和自己孩子的接触，而且他们无权代表你传达任何信息。无论他们对学校员工说什么，绝对不要允许煤气灯操纵者以任何理由从学校接走你的孩子。

同时，如果继续让煤气灯操纵者的孩子出现在你的生活中，你还要应对一些潜在的难题。例如，让他们坐你的车或来你家做客，你可能要承担某些责任。煤气灯操纵者会说自己的孩子受到了伤害，并对你横加指责，不管孩子是不是真的受到了伤害。他们喜欢指责别人，再实施报复。虽然你会为他们的孩子感到难过，并且作为一个正派的人，你想要以某种方式去帮助这个孩子，但这并不是个好主意。

煤气灯操纵者会指责其他成人伤害了他们的孩子，这并不罕见。如果你受到指责，你就中了他为你设下的陷阱——除了他们的孩子，可能没有任何目击者可以证实你的所作所为。你曾为这个可爱的孩子感到难过，并邀请他来你家玩，但他会毫不犹豫地撒谎，似乎这对他来说是一件生命攸关的大事（毕竟，他已经学会了如何与煤气灯操纵者周旋）。你能怎么做呢？当他们的孩子离开你家时，为孩子拍照证明身上没有任何瘀伤或痕迹？这是一个无法获胜而且极其危险的游戏。结果只有两个：要么不让他们的孩子再来你家或坐你的车，要么让他们指责你忽视或虐待他们的孩子。选哪个不言自明。

先告诉煤气灯操纵者，由于这些不实的指责，不再让他们的孩子去你家可能对双方都好。你要指明这样做对彼此都有好处，他们通常会不那么抗拒或大吵大闹。如何向自己的孩子解释他的好朋友不能再来家里玩了呢？一个选择是孩子不问就先不提。比如，你的小女儿说想明天放学以后邀请强尼来家里玩，你可以说："对不起，宝贝，不行，我们可以一起做点儿别的。"小孩子通常很容易被转移注意力，并开开心心地去做别的事。如果你的孩子长大了，你可以直接告诉他：

"我认为这不是个好主意。"

如果你的孩子固执己见,你可以告诉他:"发生了一些事,所以我们不能让他来家里了。"你无须告诉孩子细节,孩子也无须知道所有信息。记住,你和孩子说的话都有可能传到煤气灯操纵者的孩子的耳朵里,并最终被煤气灯操纵者听到。你把事情说得越严重,你的孩子就会传得越夸张。

擅于操纵的朋友为什么这样做

煤气灯操纵者视朋友为商品或物品。他们觉得无须和别人建立互惠或平等的友情,他们把朋友当作垫脚石或达成目的的工具。

缺乏依恋感

> 无论我的邻居有什么需要,我都会尽量满足她。但是当我有需要的时候呢?她什么也不会做。
>
> ——尤思敏,35 岁
>
> 我朋友的母亲去世时,我为她带去了食物,主动帮她照看孩子——但是我父亲去世时,她什么忙也不帮,一条信息都没有,更不用说打电话给我了。
>
> ——萨米,50 岁

你会注意到,和煤气灯操纵者的友情从来不是互惠互利的,不存在相互付出和索取,而是他单方面每时每刻都在索取。例如,他家中有人去世,作为挚友,你会放下手头的一切去给他送饭，但是当你家中有人去世时，他连电话都不会给你打一通。你可能很乐意帮他搬家，但是当你搬家需要帮忙时，他就像人间蒸发了一样。在与煤气灯操纵者的友情中，你会一直付出，而他会一直索取，包括占用你的时间，消耗你的精力，直到你筋疲力尽。

他会指责你为他做得不够，或当他有需要时从来都不来帮忙，即使你已经为他倾尽所有。仅仅因为你的生活中有这样一个人，你就已经筋疲力尽了。你必须明白你根本不可能满足煤气灯操纵者的自恋需求，他是无底洞。

他们为什么要这样做？煤气灯操纵者会匆匆逃离健康的依恋关系，转而去寻求他们能够掌控的友情。今天他们可能还表现得像你最好的朋友，但是一旦找到一个看起来"更好""更有趣"或社会地位更高的人，他们便会毫不犹豫地离你而去。对于煤气灯操纵者而言，一切都是逢场作戏罢了。这归因于他们"非黑即白"的认知扭曲，他们无法同时拥有多个朋友。要么朋友甲百分之百的完美、朋友乙百分之百的糟糕，要么就是反过来，没有中间地带。他们会不加任何解释地抛下你，让你身处困境、孤立无援。你可能还会在网上搜索或询问其他朋友你到底做错了什么导致他们完全对你置之不理，而他们已经转向了下一个猎物——他的新的"最好的朋友"。他们毫不在乎。他们不在乎你的感受，也不在乎新朋友的感受。他们没有这样的能力，无法成为有共情能力的正派的人。

最佳选择就是不要期待他们能够改变。他们永远无法与你感同身受，或为你保守秘密。他们也不会在你需要的时候支持你，抑或在你无法帮助他们时理解你的苦衷。

他们并非真心想要一个"朋友"

> 我的一个朋友一直以来都温文尔雅、乐于付出,直到有一次我和她说我不想和她一起逛街。那一刻,她像被怪兽控制了一样,给我发信息骂我是窝囊废。
>
> ——达莉亚,25 岁

你会发现相较于朋友,煤气灯操纵者更想要一个宠物。他们寻找的朋友是那些完全依赖他们,并完全迎合她们一时心血来潮的人。他们不知道如何才能建立起一段真正的友谊。当你拥有真正的友谊时,你能够感受到。一段健康的友谊基于:

- 互相尊重
- 互相欣赏
- 做真实的自己
- 志趣相投
- 有相似的价值观

你们一致认同生命中最重要的东西是爱、承诺、关心、尊重、多样性等。

如果你仔细审视和煤气灯操纵者的友谊,你会发现它并不符合你的核心价值观:爱、尊重和关心。这是因为他们不会对他人产生这些感情。记住,你无法改变他人的价值观或对待你的方式。如果你发现自己和煤气灯操纵者开始了一段"友情",你唯一的选择就是结束它。

缺乏真实性

> 我目睹了一件可怕的事——我的一个朋友在她举办的晚会上对客人笑容可掬、态度友善，但她转过身后，仿佛换了一个人，立刻变了表情。我之前从未见过这样的表情——怒不可遏，完全不同于"真是糟糕的一天，我得挺过去"的样子。
>
> ——露丝，60 岁

在本书中，我们见识到了煤气灯操纵者的伪装。他们只是在表演，为了达到目的，按照自己认为应该做的方式装模作样。回想一下让你最为满足的友情，你会发现和这些朋友在一起时你可以做真实的自己，他们不会对你妄加评论。他们接受真实的你，关心真实的你。正如之前所言，煤气灯操纵者绝不会这样。一开始，他们会非常友好，魅力四射，甚至十分慷慨，但是接下来便会突然事事针对你，冲你发火。你以为自己认识的那个人并不存在。

煤气灯操纵者对于自己到底是什么样的人缺乏充分的理解。他们缺乏心理学家所说的"统合人格"。统合人格指的是你很清楚自己是谁——你知道自己想要什么、需要什么，而且很清楚什么是健康的，什么是不健康的。由于缺乏统合人格，与别人相处时，他们无法做真实的自我——他们根本不确定"真实的自我"是什么样的。当你尝试和他们交朋友时，一切都显得不那么真实，他们似乎在表演或假装。由于缺乏基本的真实性，你们之间不可能存在健康、亲密的友谊。

"但我不想失去朋友"

煤气灯操纵者的一个诡计是设法操纵你，使你完全依赖于他们。你可能会觉得，没有一个人可以依靠时，整个世界将会分崩离析。但是回想一下你们的友谊。当你需要他时，他真的陪在你身边了吗？或者当他表示爱莫能助，或不能倾听你的担忧时，他有合理的理由吗？

你可能会担心，与煤气灯操纵者划清界限会让你失去这段友情，这确实是很可能发生的事情。事实上，他们从未真正把你当成朋友，这一切只是一场精心设计的骗局——通过精心修饰的语言，他们让你误以为他们是你真正的朋友。但是要明白：现在你已经知道了要注意什么，以及如何判断自己的友谊是否健康，你比以前更有能力摆脱他们，并结交新的朋友。世界上有几十亿人，很多人会乐于认识你。

擅于操纵的邻居

我之前和邻居说，他家的泛光灯太亮了，而且正好照进我的卧室。然后，他就在窗户外面安装了铝箔，正对我的房子。现在我不得不忍受晚上的泛光灯和早上的耀眼阳光。

——詹姆斯，45 岁

因为我的狗在人行道和马路之间的草地上撒尿，我的邻居冲我大喊大叫。这又不是她的地盘。

——杰奎琳，55 岁

我家的狗从前门跑了出去，我们把它带回了屋里。我的邻居竟然打电话给动物管理机构，指责我们是不负责任的主人。为了陷害我们，他真是不择手段。

——莫德，30 岁

在本章开始，我们谈到了，相比与操纵狂家人断绝关系，与擅于操纵的朋友断绝关系要容易得多。无论最终结局如何令人伤感或难以预料，我们有权选择朋友。但是家人之外，还有一些人无法轻易摆脱，他们就是邻居。有时，我们很不幸地与煤气灯操纵者成了邻居。正如之前所言，煤气灯操纵者十分擅长隐藏真实自我——一个功能失调的自我。要认清现实可能需要一段时间，但是，你刚搬来时那个温和可爱的邻居已经变成了你的噩梦。

如果这一切听起来很熟悉，或者你认为你的邻居是一个煤气灯操纵者，以下是一些重要建议：不要向他透露任何个人信息。同时，当他不请自来时，不要招待。温和而坚定地要求他们在来访之前必须先给你打电话。而且，有人站在你家门前并不意味着一定要给他们开门。

擅于操纵的邻居会想方设法地闯入你的生活中。他们可能会：

- 侵犯你的地盘
- 公然违反建筑规范条例
- 当你走过时骂骂咧咧
- 擅自闯入你的私人空间
- 在街区内散布你的谣言

- 如果你拒绝帮忙的话，他们会大发雷霆
- 不理解你为什么会和他们疏远
- 如果你的狗在他们的院子里撒尿，他们会怒不可遏
- 试图把你的狗引到他们的院子里
- 试图毒死你的宠物
- 邀你一起八卦别的邻居
- 多次打探你生活中不开心的事情
- 告诉你某个邻居可能说了你的坏话
- 如果他们觉得你太吵了，会直接打电话报警

请记住，大多数的邻居并不是煤气灯操纵者。然而，如果你不幸遇到了，你需要掌握一些相关信息，不然他们会搅乱你平静的生活，并把你的生活变成活生生的地狱。

了解你所在城市的法规。一丝不苟地遵守你所在街区的规定和法律，尽职尽责地履行自己的职责。很可能你的邻居正像老鹰一样紧紧盯着你，等待着你违反城市法规呢，即使再小的违法行为他也不会放过。

如果煤气灯操纵者自己经常违反法规，他们更有可能举报你。因为他们总是指责别人和他们做同样的事情——他们认为自己无须像别人一样遵守法规。他们经常违反城市法规。他们热衷于报复别人，即使只是在心里咒骂。一定要确保自己遵守了以下的"好公民"准则：

- 仔细收拾好狗的大小便
- 遛狗时拴紧狗绳

- 了解并遵守城市噪音管理条例
- 工作日上午 8 点之前和周末上午 9 点之前，不要把音响开得太大

要保护好自己，你可以考虑这样做：

- 记录你们聚会时的实际噪声音量。煤气灯操纵者首先关注的事情之一常常是噪声过大
- 尽量不要踏入邻居的地盘
- 做好记录。在本书第 4 章中曾经提到，如果你要咨询律师，做好法律记录至关重要。记录下时间、日期及谈话的内容
- 如果邻居侵犯了你的房屋、财产，安装可以从笔记本电脑或平板电脑上控制的安全摄像头，它们的价格并不贵
- 咨询律师

　　尽量远离你的邻居。如果他们就住在隔壁，这可能有点困难。但是如果他们住在街道尽头，开车或步行时尽量不要经过他们家门前。是的，这可能会给你造成不便，但是总比因为惹到他们而陷入麻烦要好得多。他们会毫无负疚地告诉警察，你开车或步行经过他们家门前时做了违法的事。只要有另外一位邻居证实那一刻曾在那个区域内看到过你，或者一位受到他们威胁或勒索的邻居撒谎作伪证，你便会陷入麻烦。目击者甚至无须亲眼看到你做什么，只要他们证实看到你在此区域出现过，便会给你的生活带来灾难。

告诉孩子不要靠近煤气灯操纵者的房子。如果他问你为什么，就说这是你们之间的新规定。如果你告诉孩子"因为某某先生不是个好人"，这会最终传到他耳朵里。没有必要把事情搅得更大。

如果你散养宠物，确保它们不会溜到煤气灯操纵者的院子里，无论是通过篱笆上的缺口还是前门。一旦你的宠物闯入煤气灯操纵者的院子，他们会打电话给动物管理机构，甚至有可能射杀或毒死你的宠物。相信我，我听过很多让人心碎的故事。遛狗时不要经过他们的房子。这可能听起来有些耸人听闻，但请记住，你是在和煤气灯操纵者打交道，他们是一个非常不稳定且脾气暴躁、易怒的群体。

尽可能减少和这类邻居的接触。如果你在某个社区活动中见到他，对他视而不见，或者找借口离开。尽量避免眼神接触——他们把直视当作一种挑衅。很多人认为，不与煤气灯操纵者进行眼神接触或交谈，你就是在某种程度上"默许"他们继续自己的恶行。而你现在这样做是为了避免进一步激怒他们，导致他们做出更出格的行为。记住，煤气灯操纵者与普通人不同，忽视他们或选择离开确实是最佳策略。

与煤气灯操纵者接触了一段时间后，你可能甚至都不想参加有他们的邻居聚会。随着时间推移，邻居们会逐渐看清煤气灯操纵者的真实面目。邀请他们参加的聚会也会越来越少。他们无法长期伪装下去。

在美国，法院的备审案件里有很多是关于邻居行为恶劣的案件。而限制令（法官命令当事人在规定的时间内与你保持一定的距离）通常是唯一可行的解决方案，尽管这并不是完美方案。

曾经有多起这样的案例：一个家庭被邻居折磨得忍无可忍，只能申请限制令。还有一个广为人知的案例，一名女子因为对邻居进行骚扰而被禁止进入她自己居住的社区。

在这类案件中，煤气灯操纵者作为被告人通常认为自己受到了冤枉。他们会升级报复行为，声称自己有合法的理由骚扰邻居。他们觉得自己有理由"不惜一切代价"让对方"付出代价"，即使这样做的结果是他们收到限制令、被监禁或被判处缓刑。

有时，上法庭是我们对付煤气灯操纵者的最好或唯一的方式，但这也并非易事。在美国，限制令必须由法官批准，规定某人不得主动与你接触，并时刻与你保持一定的距离。如果某人对你或你的家人构成迫在眉睫的威胁，你有资格申请限制令。

擅于煤气灯操纵的房东

在进入下一章之前，我们还要探讨一类煤气灯操纵者：你的房东。你肯定知道这一类型。他从没修理过你的水管，却说他修理过。他声称曾和你谈过，但实际上根本没有。你没联系他时，他会不请自来，声称只是来看看"你过得怎么样"。如果你很不幸被房东跟踪或骚扰过，你得知道有哪些合法的应对措施和解决方案。如果你在美国，先了解你所在州的房屋租赁法。在许多州，房东不提前告知便突然来访必须有非常合理的理由。否则，他就触犯了法律。如果你所在的州有这样的规定，告诉房东在登门之前必须提前 24 小时通知你。更好的办法是直接把这一条规定写到租约里。如果他再次没有告知便直接登门，立即联系当地执法部门。每一次和房东打交道时都做好记录。擅于心理操纵的房东会想方设法扣掉你的租房押金，这不足为奇。还记得煤气灯操纵者有多贪财吗？他会编造一个扣掉押金的理由，但真正的理由，除了贪财，就是报复你。搬走之前，一定要把房子或公寓彻底打扫干净。所有东西都拍照保存，包括厨房或浴室的水槽下面。如果房东毫无理由地扣掉你的押金，你可以把他告上小额索赔法庭，并要求退还押金，但是你需要有相关记录来证明。同时，如果考虑采取法律手段，请寻求律师的建议。

如何对付擅于煤气灯操纵的朋友和邻居

无论煤气灯操纵者是你的朋友还是邻居，你都有办法保护自己。你可以和他们切断联系，刻意与他们疏远，避免向他们借东西或借东西给他们，以及为自己寻找代理律师。

远离他们或切断联系

如果煤气灯操纵者是你的朋友，最好的办法（尽管这会很难）就是直接切断和他们的联系。这通常是摆脱煤气灯操纵者毒害的唯一方法。例如，如果你和他们是同一个社区委员会的成员，那你就转去另一个社区。如果你不这样做，这个人会继续在你的生活中兴风作浪、制造混乱，这一点毋庸置疑。也有极小的可能是他们把注意力转向了别人，把你当成一个烫手山芋一样扔掉。但是在那之前，他都会让你的生活水深火热、波折不断。

如果你的邻居不断地骚扰你，或许你该考虑搬家了。是的，认真考虑一下。尽管这是个重大的调整，而且会花费大量的金钱和精力，但为了内心的平静，很值得一试。搬家可能会让你觉得自己认输了或是煤气灯操纵者赢了，但是请相信我，你赢了，因为你把家庭幸福放在了首位。

不要借东西给他们，也不要向他们借东西

除非我愿意永远失去这些东西，否则我不会借东西给某些人。

——德克兰，35 岁

有时候某个"朋友"的礼物会带来麻烦。有的礼物并不是真的"没有代价"，它们会带来无尽的麻烦。

——埃维，39 岁

永远不要把任何东西借给煤气灯操纵者。如果你借东西给他们，千万别指望能再要回来。在任何情况下，都不要借钱给他们。同样，不要向煤气灯操纵者借任何东西。他们会"顺理成章"地忘了你曾借过这个东西，然后指责你偷窃。

如果煤气灯操纵者给你一个东西作为"礼物"，你要拒绝这份礼物并说"不用了，谢谢"。如果你必须接受礼物，小心

他们可能会反咬你一口。煤气灯操纵者擅长送你"礼物"，然后宣称你偷走了它。重申一次，这一切都是为了报复那些他们觉得曾经冤枉过他们的人，也可能是因为他们滥用药物导致神志不清。记住，相较于其他人，煤气灯操纵者可能会有更多的成瘾问题。

永远不要让他们照顾你的孩子或宠物

让煤气灯操纵者照顾你的孩子或宠物，从来都不是个好主意。他们会让你的孩子和你不亲近。他们会"忘记"你孩子的食物过敏，或"忘记"你家里的规定。你的宠物会被忽视或虐待。他们会喂一些你明确说过不能喂给它们吃的东西。煤气灯操纵者毫不在乎。如果你委托他们照看你的孩子或宠物，他们会把这当成全权委托，从而随意对待你生命中最珍贵的一切。请不要找借口说没有其他人能帮忙照看你的孩子或宠物。相较于把孩子或宠物交给可能会造成严重伤害的煤气灯操纵者，你肯定有更好的选择。

表现出厌烦或语焉不详

与煤气灯操纵者结束友情的最好方法是让他们对你厌倦，然后自己选择离开。正如我们一次次所看到的，他们喜欢煽动别人。如果你用"那可能是真的""好的"或"也许"来回应他们的煽动性言论，他们很快便对你心生厌烦。如果你表现得模棱两可或无聊至极，他们见无法把你的情绪调动起来，很快便会选择离开。你不能说"我们不能再在一起玩了"（即使这样说更诚实、更体面），因为那只会激怒他们。可以肯定的是，煤气灯操纵者有一个根深蒂固的恐惧——害怕被抛弃和对一切失去掌控。记住，无论你如何同情他们的遭遇，你永远都无法治愈他们。唯一健康的选择便是离开。

直接摊牌并诉诸法律

如果你已经设定了限制，但煤气灯操纵者仍抓住你或你的家人不放，清楚地告诉他，你的家里不欢迎他。如果你划清了界限，但煤气灯操纵者仍出现在你的地盘上，那他就属于非法入侵。联系当地的执法部门，举报他非法入侵、跟踪或威胁你或家人。如果煤气灯操纵者的行为已经升级到这一步，请联系律师。在美国，你可能需要申请限制令。如前所述，限制令必须经由法官批准，它规定某人不得主动和你接触，且必须时刻和你保持一定距离。如果有人对你或你的家人造成了迫在眉睫的威胁，你就有了申请限制令的资格。你要记录好他是如何骚扰或威胁你的，这至关重要。

如果煤气灯操纵者在包括社交媒体在内的网络上发布会威胁到你或你的工作、生意的虚假信息，截屏并向网站举报。立即联系律师，询问一下能否发布"制止令"，以阻止他们继续骚扰你。

在美国，这种骚扰有两种法律术语：文字诽谤罪和口头诽谤罪。文字诽谤罪是指某人用文字发表了有损你利益的虚假信息。口头诽谤罪是指某人口头说了对你不利的虚假信息。以书面诽谤罪或口头诽谤罪指控别人会很棘手（你必须证明你或你的工作、生意受到了此人的虚假言论的直接伤害），但这是可以做到的。请和律师面谈以获取更多信息。

⌘ ⌘ ⌘

　　擅于煤气灯操纵的朋友并不是真正的朋友。他们并不关心你的利益，也不能与你真正建立起健康的友谊。与他们的情况类似，擅于操纵的邻居和房东同样缺乏界限感。你必须设置好合适的界限——无论是减少与他们的接触，告诉他们这些行为是不可接受的，寻求法律建议或干预，还是完全切断联系。你的选择取决于你与煤气灯操纵者的关系，以及你能否真正在心理上摆脱他们的控制。

　　远离擅于操纵的朋友并治愈自己会是一个极大的挑战。更多关于如何疗愈自己的信息（包括心理咨询及其他方式），请参阅第 10 章。在下一章中，你会了解如何与煤气灯操纵者处理离婚事宜及共同养育孩子。

第 8 章

你的前任、你的孩子、你前任的新配偶以及你新配偶的前任

离婚和共同抚养子女中的煤气灯操纵

或许这本书给了你勇气，让你敢于离开擅于煤气灯操纵的配偶，或许在你打开这本书之前，离婚程序已经开始了。无论如何，离开煤气灯操纵者会置你于非常艰难且棘手的境地。到目前为止，你已经了解了煤气灯操纵者是如何操纵他人的，所以不难看出，与他们离婚，及离婚后共同抚养子女的过程会变得无比痛苦且充满波折。当你情绪低落时，他们总能找到机会落井下石，加剧你婚姻不幸的痛苦。如果你们有共同的孩子，眼睁睁看着孩子受到他们恶劣言行的影响，会激起或加深你对心理操纵者的愤怒和憎恨。但离婚是肯定可以做到的。你可以（且必须）离开煤气灯操纵者，才能更好地继续你的生活。我来告诉你该怎么做。如果你已经离开他了，本章可以为你提供一些有益的指导，帮助你们更好地共

同抚养子女；本章同样会告诉你，如果你前任的新配偶或者你新配偶的前任是一个煤气灯操纵者的话，你能如何应对。

与煤气灯操纵者离婚

我已经意识到本章的内容有可能让你感到无能为力。你想要保护自己和孩子，但是面对煤气灯操纵者，这似乎是不可能做到的。如果你正在和一个煤气灯操纵者办理离婚，或正在和他协议如何共同抚养子女，你可以（并且应该）采取某些措施让这一过程尽可能地进展顺利。对于可能爆发一定程度的冲突，要有心理预期，但要知道离开是正确的选择。与煤气灯操纵者分居或离婚，会让你重获海阔天空和身心自由，并有机会得到一些你所急需的观点和建议。

所有涉及煤气灯操纵者的离婚都属于"高冲突离婚"的范畴。了解高冲突离婚的特征，可以帮助你预料离婚过程中会发生什么，同时帮助你确定你可能会遭受什么。这会让你更好地处理自己当下的境况。高冲突离婚是指夫妻一方或双方：

- 几乎每次见面都会发生争吵
- 患有 B 群人格障碍（反社会型、边缘型、表演型或自恋型）
- 有家庭暴力史
- 曾因违反儿童福利相关规定而参加过社会服务

- 有暴力犯罪史
- 拒绝遵守司法部门的裁决令
- 破坏双方之间的信息沟通
- 破坏另一方家长和孩子之间的沟通
- 在接送孩子时引发冲突
- 曾经有人针对他们签发过限制令

聘请律师

即使夫妻双方都对彼此彬彬有礼，离婚也从来都不是一个简单的过程。和一个煤气灯操纵者的离婚之旅更是难以控制、不可预测。你需要一位婚姻家庭法律师，他必须是处理高冲突离婚案件的行家里手，同时还能尽力使离婚过程尽可能地公平公正。如果你有经济困难，会有家庭法律师愿意提供无偿服务或低偿（象征性收费）服务，特别是关于家庭暴力的案件。

家庭法律师擅长处理婚姻、离婚、子女抚养、收养及青少年违法等案件。你可以通过所在的社区推荐，或查阅在线评论等方式找到合适的律师，然后直接联系该律师。

第一次与律师会面时，询问一下他的收费标准及处理高冲突离婚案的经验。告诉他你的前任操纵欲很强。在讨论过程中，留意一下告诉律师这些信息时，你是否感觉自在。这名律师是否看上去对如何对付控制欲极强的前任胸有成竹？这名律师或他的前台是否在合理的时间内给你回了电话？如果答案是否定的，那就是一个红色警报。你需要一位能意识到你的严峻处境的律师。在遇到合适的律师之前，你可能需要和多名律师面谈。确保你选择了一位让你可以敞开心扉、坦诚相待的律师，因为你和你的孩子的幸福正岌岌可危。

　　一旦聘请了律师，将有关你和前任的问题记录拿给律师。它可以是通过笔记类手机应用、笔记本来记录的，或者是用其他任何形式的记录（电子邮件、与前任的短信等）的。你也可以添加视频或电话录音记录，但是一定要注意你关于录音的法律规定。

调解

> 我的前任有虐待倾向，我告诉调解员在他身边我觉得不安全。因此，她在调解时，特意安排我在前任到来之前离开，期间我从未和他见过面。
>
> ——朱莉安娜，30 岁
>
> 调解是个好办法，它让我们把注意力都集中到孩子的利益上。
>
> ——丽斯，34 岁

　　在美国的一些州，申请离婚时不能直接去法院，必须先进行庭外调解（有一种情况例外：如果你的律师认为调解不能给你和孩子带来最好的结果，建议你提请法官对你的案件直接做出判决）。调解员是训练有素、态度中立的第三方，他会帮助你和配偶就以下几方面达成共识：婚姻资产（财产，如家具和房子）；约定与孩子相处的时间；父母双方如何决定孩子的医疗和教育问题（最常见的选择是双方都有决策权）；儿童抚养费金额；谁来支付孩子的课外活动或日托的费用。如果你自己替自己辩护（没有律师代理），那就夫妻双方与调解员见面。如果你聘请了律师，他将在调解员的办公室与你们见面，或者你们一起去调解员办公室。在某些情况下，调解员甚至会主动来找你。

如果你觉得在调解过程中与即将成为前任的配偶见面不安全，提前告知调解员。与调解员交谈时，告诉他你的配偶过去精神不稳定、喜怒无常，因此你很担心自己的人身安全。告诉调解员你愿意接受调解，但是无论如何你都不愿与配偶共处一室。告诉调解员你想要在配偶到来之前离开他的办公室。

协议离婚

> 协议离婚帮助我和前任解决了之前一直争吵不休的问题。当情况激化时，主导会议的人会提醒我们，之所以采取协议离婚就是为了孩子能够获得幸福。
>
> ——朱力欧，38 岁
>
> 尽管离婚很艰难，但在协议离婚的过程中，我感觉非常舒适和安全。法律团队成员帮助我们做出了正确的选择，集中关注最重要的事——孩子们的幸福。
>
> ——弗朗西斯卡，38 岁

还有一种方式叫作协议离婚。这可能是与煤气灯操纵者离婚的理想方式。在协议离婚过程中，你们会作为一个团队会面，经过讨论磋商，帮助你、你的配偶及你的子女尽可能平静地度过这一阶段。在这种团队会议中，由调解人（通常是一位心理健康专家）主导整个团队。调解人是帮助会议顺利进行的中立方。团队的其他成员包括你、你的律师、你的配偶、配偶的律师和一位财务代表。协议离婚的好处是团队中的每个人都致力于维护你、你的配偶和你的孩子的最大利益。在协议离婚过程中，你们关注的是共同目标，如你们子女的幸福和安全。

　　正因为整个团队相互协作，你的配偶误导团队成员、挑拨离间的机会就会减少。如果整个团队富有凝聚力，当他企图操纵主导者时，主导者和其他成员会察觉到并制止这一行为。考虑到要支付每一位团队成员的费用，协议离婚比普通的离婚方式要更昂贵。然而，协议离婚会更高效，造成的创伤更小，因此在某种意义上可能会比普通离婚更为合算。重申一次，与你的律师商讨一下，可以帮助你决定你的情况是否适合采取协议离婚。

战火仍在继续：离婚后共同抚养子女

　　决定与煤气灯操纵者离婚可能是你一生中做出的最艰难也最勇敢的决定之一，但是如果你和他有共同的孩子，则意味着你永远都不可能真正地摆脱他，这会令人无比沮丧。在不使情况恶化的前提下，如何保护好你的孩子？如何与一个从不关心你或孩子的最大利益的人共同抚养子女？如何与一个让你的生活痛苦不堪的人共处？

　　你可能意识到他令人疯狂的行为已经极大地影响到你和孩子的生活质量——和一个煤气灯操纵者共同抚养子女的过程中，很难记录下所有的操纵伎俩和谎言，但是，你不能否认孩子和他的关系。尽管如此，你和孩子仍有希望拥有光明的未来。

　　认识到煤气灯操纵者可能会耍什么把戏来控制你，或者他可能会耍什么把戏来挑拨你和孩子之间的关系，或者把孩子当作武器来对付你，这至关重要。我会告诉你，如果对方一直在想方设法地捣鬼，你应该如何尽自己最大的能力去共同抚养子女。我会为你提供我所知的关于如何保护自己和孩子的最有用的信息，帮助你们免受煤气灯操纵者的伤害。

擅于煤气灯操纵的父母的特征

　　擅于煤气灯操纵的父母通常会：

- 让孩子与另一方家长疏远
- 在约定好的时间不将孩子归还给另一方家长
- 在和孩子有关的时间问题上，在最后一刻改变计划
- 在孩子面前说另一方家长的坏话
- 明明约定好了接送孩子的时间，却总是失约
- 彻底从孩子的生活中消失不见
- 拒绝支付法院规定的孩子的抚养费或配偶的赡养费
- 虐待孩子
- 通过孩子和另一方家长说话或传达信息
- 阻止孩子和另一方家长说话
- 告诉孩子他不能参加某项活动是因为另一方家长"拿

走了我所有的钱"

- 让孩子管自己的新伴侣叫"妈妈"或"爸爸"
- 让孩子窥探另一方家长的生活并报告给他
- 未能参加法庭规定的调解
- 未能行使与另一方父母相关的"(看护)优先取舍权"（right of first refusal）
- 将父母分居、离婚或共同抚养子女的文件放在孩子的视野内

在本章后面的部分，我们会探讨进入高冲突离婚时，你应该考虑哪些特别的因素。

煤气灯操纵者试图让孩子和你对立

前夫和我儿子说我的男朋友有违法行为，我风流成性。毫不意外，儿子开始拒绝来我家。前夫嘴里没一句实话。我最终把他告上了法庭，法官说他这样会把儿子带坏。前夫才不在乎他是不是在撒谎，会不会伤害到儿子，他只想"压我一头"。

——詹妮特，38 岁

我的前任一直安分守己，直到他从我姐姐那里得知我又开始约会了。突然之间，他开始在接送孩子时迟到，而且没有任何短信或电话通知，也没有做任何解释。他开始拒绝和我谈论我们儿子的日程安排、足球课，对于一切和儿子有关的事，都闭口不谈。

——考特尼，31 岁

擅于操纵的家长通常会试图利用孩子来对付你，破坏你

和孩子之间的关系。这是一种情感虐待的方式，通常要耗时数年的时间才能使身心的创伤痊愈，甚至在孩子成年后，这仍会影响你们之间的关系。因此，你要学会识别这些迹象，学会如何阻止这一切，这非常重要。

离婚时，煤气灯操纵者可能痴迷于"赢"的感觉。当你再次开始约会时，他们往往会变得妒火中烧、失去理智。记住，煤气灯操纵者把人视为财物，而不是活生生的人。如果前任感觉自己受到了不公正的对待，他可能会想方设法扰乱你的生活。他们会把孩子当成武器，对事实添油加醋、不遗余力地抹黑你的名声，从而"赢得"孩子的好感。

对你的孩子来说，可悲且令人困惑的是，他们并非真的想要孩子或真的爱孩子，这只是为了痛击你的软肋（你和孩子的关系）。他们不惜一切代价要"赢"过你，所以他们需要你"输"，即使这会摧毁孩子的身心健康。

这样的事情我见得太多了，而且类似的、数不胜数的悲剧正在上演。

在一起特别的监护权案件中，父亲申请对儿子的主要监护权，声称孩子母亲不负责任。孩子的大部分的课外时间都是和父亲一起度过的，而不是和母亲一起，这违反了共同抚养孩子的约定。这个父亲有过不按时将儿子归还给母亲的历史，在儿子面前贬低母亲，给儿子看露骨的色情片，而且鼓励儿子违抗母亲的规定。另外，自从儿子开始大部分时间待在父亲家以后，他的成绩开始出现明显的下滑。法庭没有发现任何证据表明母亲是不称职的家长，于是判定儿子关于想和父亲一起生活的声明是"被教唆的"，即这些话听起来是预先排练过的，似乎他只是在重复父亲教给他的话。这份书面的探视协议被强制执行，父亲可以每周一天及每隔一周的周末去看望孩子。

在另外一起监护权案件中，母亲会在双方商定好的地点用视频录下与父亲接送孩子的过程。她把这些视频作为孩子不愿跟父亲生活的证据递交给法庭，要求获得单独监护权。实际上，接送孩子的视频录像对这个母亲极为不利——视频展示了她如何鼓励孩子和她在一起，不要上父亲的车。其中包括这个母亲"提醒"孩子为什么不想和父亲在一起。值得注意的是，录像同时显示母亲承诺如果孩子选择和她在一起，不跟父亲走的话，她会为孩子安排特别的旅行和礼物。这个擅于操纵的母亲可能根本意识不到这些录像会让她看起来是个糟糕的母亲！独立监护权被拒绝，共同监护权将按照协议继续执行，同时这个母亲被强制接受心理咨询治疗。

在这些案例中，你可以看到擅于操纵的前任是多么轻而易举地就能影响到孩子，让孩子与另一方家长对立。令煤气灯操纵者臭名昭著的是，他们会告诉孩子另一方家长不够好，或者不配做孩子的父母。他们会送给孩子很多礼物，为孩子安排很多特别的旅行；告诉孩子另一方家长的规矩荒唐又可笑，过于严厉；让孩子熬夜晚睡；告诉孩子无须按时到达交换地点——所有这些都会对孩子产生极大的负面影响。

因为青少年天生叛逆，所以他们特别容易受到这种影响。在孩子的成长阶段，父母需要设定明确的界限，而擅于煤气灯操纵的父母却会对青少年放任不管。哪个青少年不会被这一做法诱惑呢？

当然，与煤气灯操纵者共同抚养子女还有另一种可能。

离婚后马上找到新伴侣的煤气灯操纵者可能会对他们的孩子撒手不管，而他们自己不知跑到那里逍遥快活。抚养费只能强制从他们的薪水中扣除，因为他们不愿履行自己的义务或照顾孩子的生活。这是煤气灯操纵者惩罚你的另一种方式——把抚养孩子的责任完全推到你身上。

我们已经在第 6 章探讨了煤气灯操纵者如何伤害自己的孩子。如果你再回顾一下第 6 章，你会发现一系列的警报信号，表明你的孩子已经开始使用煤气灯操纵者的操纵技巧。通过了解这些警报信号，你可以领先一步，为了孩子的健康和快乐，确保他们能够及时获得所需的帮助，包括心理咨询、身边有积极的榜样、与你保持强大而健康的关系等。

好消息是你和孩子还有希望。在很多案例中，煤气灯操纵者已经得到了应有的制裁（或是出于法庭强制，他们气焰渐消），随着时间推移，他们可能不再是威胁。同时，你还能从朋友、家人、专业人士和所在社区得到超乎你想象的支持。最重要的是，一定要尽你所能做最好的父母。你可能想为自己和孩子寻找心理咨询服务，本章的末尾以及第 10 章提供了更多的相关信息。

孩子受到虐待的可能性增大

擅于煤气灯操纵的父母会把孩子看作自己的附属品，所以如果另一方父母不能起到温和的调节作用，孩子遭受虐待的可能性便会增大，尤其是在蹒跚学步阶段和前青春期阶段，这时孩子应该逐渐独立于父母，形成自己的个性。在个体化过程中，孩子开始更多地说"不"，并开始尝试建立起与你的界限。这是正常的心理发展过程。你的孩子在行使自己的自由，并尝试摸索出这一自由的界限。

心理健康的父母希望他们的孩子学会如何在世界上独立。他们认为这一分离过程是正常的。相比之下，煤气灯操纵者会以一种厌恶和愤怒的眼光看待孩子的个体化过程，将这一独立视为一种抛弃和背叛。他们知道，一旦孩子变得独立，他们操纵孩子的能力便会相应地降低。他们会竭尽所能地阻止孩子成为独立的个体，而这很容易导致虐待。

如果你感觉自己的孩子可能受到了虐待，请联系当地的执法部门。当然，如果你认为孩子受到虐待，可能很难控制住自己不去痛骂煤气灯操纵者。千万不要这样做。这一点再怎么强调都不为过。不要大发雷霆。相比以往任何时候，此时此刻你更需要能够随时在孩子身边。如果你的前任对你提起诉讼，或者你因行为过激被警方拘留或监禁，你就很难陪伴在孩子左右。马上为自己和孩子寻求心理咨询服务。也可以和家庭法律师咨询一下你和孩子的权利，包括提出有关监护权和探视权的紧急动议。

拒绝和煤气灯操纵者争吵

我总是会被前任的恶意评论激怒，然后在电话里和他吵起来。最终我意识到，我们争吵时，我的情绪依然被他牵动。在咨询师的帮助下，我知道了煤气灯操纵者是如何竭尽全力地把别人弄得心烦意乱的。这真的让我逐渐痊愈，并让我意识到我不是那个疯狂的人，他才是。

——耶路沙，35 岁

一般情况下，要避免和煤气灯操纵者争吵。尽量只谈论事实，不要感情用事。我知道这做起来很难，但是感情用事只会让他们的气焰变得更加嚣张。得知你因他们而烦躁不安，他们会感到心满意足。如果觉得自己赢了，他们会进一步升级自己的操纵行为。于他们而言，这一切就是一场游戏，而你永远也无法笑到最后。如同和一个醉酒的人争吵，即使内心有滔天的怒火想要立刻宣泄出来，你最好也保持言辞上的冷静。

记住，煤气灯操纵者依靠你的愤怒和沮丧过活。不要给他们那种权力。当他们无法从你身上得到反应时，他们可能会开始加大赌注，或升级他们的破坏行为。然而，这并不意味着你需要忍受他们的喊叫和辱骂。一旦你的前任在电话里开始冲你大吼或骂你，平静地挂掉电话吧。

如果你收到辱骂性的信息，记得截屏，不要回复。正如你们在电话中争吵一样，你的回复给了煤气灯操纵者所寻求的满足感。我知道要控制住自己很难。但是如果你表现得愤怒异常，你就是在奖励他们。

如果煤气灯操纵者试图激怒你，我建议你暂且放松下来，深呼吸并数"一、二、三"。这听起来很简单，但是它能有效地帮助你镇定下来，并重新开始不带情绪地与之沟通，或根据需要适时终止交谈。

这对你有什么好处

> 每次打电话我们必吵无疑。我告诉她短信和电子邮件是最好的沟通方式，这样我们俩能消停点，而且我可以记录下沟通内容。"我告诉过你 6 点来接孩子"，而实际上她说的是 7 点，这样的情况再也不会发生了。
>
> ——乔治，41 岁

　　如果你卷入了与擅于操纵的前任的争吵中，寻找一下原因。你的前任很可能了解你最为脆弱的地方，如在养育孩子的方式上你可能有些不安全感。煤气灯操纵者会直接利用这些软肋来激怒你，让你大发雷霆，表现得精神不稳定。你无力承受这一切，这对你没有任何好处。对你们而言，只有几乎或完全不接触才能避免争吵。

　　我鼓励你问问自己，这样做对你有什么好处？你和前任吵架是因为你对他仍心存依恋吗？要消除这一依恋非常困难。这个人不断地操纵你，让你对他产生依赖感，然后滥用你的信任。这一切处理起来会很棘手。

　　如果你认为自己和前任吵架是因为你渴望对他的依恋，后退一步想想原因。和他吵架时，你感到兴奋吗？是不是你的前任总知道说些什么让你郁郁不乐？要停止这一为了保持亲密而吵架的模式，接受心理咨询真的会很有帮助。

　　同样，我也鼓励你思考一下，你们的争吵会对孩子的幸福，包括他们的心理健康，产生什么样的影响？你可能根本意识不到孩子对你们之间的吵架有多了解。你接前任的电话时，他们在旁边吗？你回复前任的信息时呢？孩子对这样的冲突非常敏感，即使只是在信息里争吵，也会影响他们的情绪、睡眠、食欲、学习成绩，以及他们与你、与兄弟姐妹相处的方式。你甚至可能会注意到孩子在身体上表现出焦虑的症状，比如咬指甲或揪头发。

　　是否停止和擅于心理操纵的前任的吵架模式，这取决于你。如果你不参与，煤气灯操纵者便无法引发争吵。记住，如果前任说了一些粗鲁的话，你可以平静地说"我要挂电话了"，然后挂掉电话。如果你和前任有共同的孩子，你可以咨询"家长协调员"，帮助你改善和前任的沟通。在本章的后面部分，你会获悉在高冲突的共同抚养子女的过程中，这些家长协调员是如何给你提供帮助的。

考虑只通过短信或电子邮件与前任沟通。在这些方式中，你可以控制是否回复或如何回复，同时记录下这一交流过程。你甚至不用直接和前任沟通，有些应用程序可以帮你安排行程。

如果你配偶的前任是一个煤气灯操纵者

如果你配偶的前任是一个煤气灯操纵者呢？或许结婚前你就已经意识到配偶的前任有问题，或许婚后你才察觉到配偶前任的不正常。你可以按照以下建议行事：你不必为配偶的前任的行为（或你配偶的相关行为）负责。即使配偶的前任试图惩罚你，也不代表你和配偶结婚是有什么过错。我们稍后会探讨如何与你配偶的前任划清界限。

继父或继母

一天，我丈夫的前妻堵住我，说出了我们那一周每天的晚餐都吃了什么。这太恐怖了。我猜她可能是想让我知道我的继子什么都会和她说，一切都在她的掌控之中。

——詹妮，35 岁

> 只有我和我的继子在家时，他会公然违反我的规矩。最后我发现是他妈妈教唆他给我找麻烦。
>
> ——劳伦，30 岁

　　如果你的配偶和前任有孩子，那你面临的挑战无疑会成倍增加。没有煤气灯操纵者牵涉其中时，做继父母就已经很难了——你要承担起为人父母的一切责任，却不允许为孩子提供引导或设定限制。然而，你可以就继子女如何对待你设置明确的界限。如果你配偶的前任是一个煤气灯操纵者，在关于孩子的规矩上，你的配偶是否和你立场一致至关重要。与继子女划出适当的界限包括他们和你说话时要语气平静，不要碰你的个人物品（擅于操纵的父母通常会给孩子下达"寻宝"的任务）。同样，你也必须以相同的方式对待他们。一定要万分谨慎，不要管教你的继子女，那不是你分内的事，那应该是你的配偶和孩子的另一个家长的职责。如果你真的对孩子进行了管教，煤气灯操纵者绝对不会轻易放过你。不要试图管教继子女，这能避免引发冲突。对继子女在家里的行为制定一套明确的指南，并把它贴在显眼的位置，如冰箱门上。这会消除继父母与配偶之间的很多争吵。

　　关于你配偶的前任以及孩子的界限问题，你和配偶能否达成共识至关重要。你不应该容忍你配偶的前任：

- 进入你的私人空间
- 通过对你的继子女撒谎来诋毁你
- 破坏你和继子女的关系

- 鼓励继子女窥探你的隐私
- 不提前通知你就出现在你的家里
- 出现在你的工作场所

当出现以上情形时，你可以要求你的配偶、你配偶的前任与你一起接受心理咨询，讨论一下这些越界行为。如果你重申了自己的立场，并尝试创立健康的界限，却没有成功，请咨询律师。

很多时候，人们选择和有孩子的人结婚，都是带有一种无意识的愿望："拯救"或"修复"这个家庭。当你配偶的前任是一个煤气灯操纵者，而且对家人造成了心理伤害，这一南丁格尔式的幻想会变得格外有吸引力，你认为自己能够给这些"可怜的孩子"带来一些好的影响。这是一个很难解决的问题，如果你的配偶和孩子并未意识到另一方家长的病态的严重性，事情尤为棘手。他们对于你配偶的前任的飓风般的破坏行为已经"习以为常"，这时，你指出这些操纵行为可能会引起轩然大波。

如果你的配偶对于前任仍怀有依恋，他可能不想听你说这些，并指责你为何旧事重提。他可能会指责是你嫉妒，或者认为你在试图挑拨他与前任的关系。如果你发现自己处于这种情形，可能是时候接受夫妻心理咨询了，或者你可能需要重新评估一下自己和配偶之间的关系，考虑一下是否应该结束这段感情了。记住，你无法强迫任何人，包括让你的配偶意识到他前任的行为是不可接受的。

你应该告诉孩子，他们的另一个家长是 煤气灯操纵者吗

如果你的前任是一个煤气灯操纵者，与你的孩子讨论另一个家长的行为会是一个特别的挑战。有一个擅于操纵的前任时，最困难的一点是眼睁睁地看着孩子因为他们的操纵行为而受罪。你会对孩子心存怜悯，你也可能会希望孩子和你一起反抗另一个家长，两者仅有一线之隔。例如，"你妈妈没去接你，因为她不是个可靠的人。"请务必不要对孩子说前任的坏话，就算你很难忍住，也不要说。这样做对谁都没有好处。你和孩子说的话最终会传到煤气灯操纵者的耳中，而她会利用这一点来对付你。你可以对你的朋友和心理健康专家发泄沮丧，孩子不是合适人选。

尽管这个煤气灯操纵者很差劲，但她仍然是孩子的母亲。孩子对父母的爱往往超越了逻辑，深厚得令人难以理解。这和你对你的孩子的爱是类似的——你对他们的爱超越了理智。同时，孩子对另一个家长的爱不同于你曾经对那个人的爱。孩子的爱是无条件的。如果你告诉孩子他们的另一个家长是一个煤气灯操纵者，他们很可能会认为你污蔑对方而生你的气。这条路是行不通的。

你可能觉得在孩子眼中你几乎一直都是一个"坏家伙"，而另一个擅于操纵的父母却成了"有趣的家长"。你可能希望自己能够告诉孩子另一个家长的真实面目。当你无法控制自己的冲动，告诉了孩子"真相"以后，一定会发生的事是，这些话会传到煤气灯操纵者耳中。他会对孩子再三盘问，或

者用礼物、特权来收买他们。或者，如果你说另一个家长的坏话，孩子会直接告诉那个家长，因为他们确信你说的话是不对的。设身处地地为孩子想一想。知道你对他们的另一个家长的真实想法，你又能获得什么好处呢？

你的孩子也可能主动告诉另一个家长，这是孩子的天性使然：既要说实话，又能把你惹毛。他们知道如何保护自己。如果孩子在另一个家长的家中违反了一条规定，他会告诉另一个家长："猜猜妈妈是怎么说你的？"有什么比这更好的转移注意力的方式呢？这一信息会让煤气灯操纵者陷入暴怒。这一愤怒不仅会发泄到你身上，可能还会波及孩子。

与煤气灯操纵者共同抚养子女时的最佳做法

本章旨在把那些与煤气灯操纵者成功离婚的家长所获得的智慧和经验分享给大家。以下是我列出的最佳做法。

制订详细的共同抚养计划

共同抚养计划是你和另一个家长共同制定的养育子女的详细协议。

合适的共同抚养计划（最好按照每个孩子的具体情况分别列出）包括：

- 孩子在哪个假期由谁带，什么时候接送孩子
- 孩子在哪里上学，哪一天由谁负责接送孩子

- 当孩子在某一方家长的家中时，谁照看孩子是被允许的
- （看护）优先取舍权。如果家长中的一方离开的时间超出了双方商定的时间，必须告知另一方。在这段时间内，另一方家长有权选择与孩子在一起，而不是把孩子交给保姆
- 如何做出医疗决定：是家长共同决定，还是双方同意 如果无法达成共识，其中一方有权做出最终决定
- 谁为孩子提供保险，谁来支付保险费用
- 孩子的抚养费。这通常是根据当地情况、家长收入及子女数量计算得来的。它还取决于孩子留宿的次数（如果一个没有监护权的家长同意在一年内让孩子在家中多次留宿，这个家长所承担的抚养费可能会降低）
- 孩子哪些天在父亲家，哪些天在母亲家
- 家长接送孩子的时间和地点
- 在一方家长的监护下，孩子如何与另一方沟通（短信、电子邮件、照片、视频会议）
- 在某一方家长的监护下，孩子何时可以与另一方家长进行沟通
- 家长双方要进行开放式沟通（坦诚沟通）的协议
- 家长双方就日程安排及做决策时采用的方式——短信、电话、电子邮件或视频会议
- 家长双方同意不会要求或期待孩子称呼某一方家长的新伴侣为"爸爸"或"妈妈"
- 如果一方家长想要带孩子去度假，需要向另一方家长报告哪些事宜（如果是国际旅行的话，谁支付孩子的护照费用）
- 一方家长带孩子出国时应遵守哪些条款（通常家长协调

员会要求你遵守《海牙公约》中有关跨国婚姻抚养权问题，上面列出了一些国家，它们对于归还被家长一方带走的孩子有着严格的规定）

- 在孩子旅行的行程上，必须提供详细的时间安排
- 如果一方家长想要搬到离另一方家长数公里以外的地方，如何去通知这一决定。80公里及以上的距离通常需要与家长协调员或调解员一起出面商讨
- 在哪里接送孩子，以及当一方家长迟到时，另一方在回家之前必须等待的时长

这一切可能看起来烦琐无趣，但是一份由另一方家长签字的书面协议真的会有助于减少冲突。共同抚养协议越具体越好。你要努力做到，与另一方家长有任何冲突，都可以在抚养协议中找到解决方案。家长双方在任何时候对抚养协议有任何问题，都可以随时咨询律师和家长协调员。

如果家长双方一致同意修改协议（假如你现在想要约翰尼周三而不是周四来家里），就把这一变更写下来。对大多数家长来说，口头说一下就可以了。但是当面对一个煤气灯操纵者时，一定要把所有信息都记录下来。

抚养协议中的条款

只要我的前任试图耍诡计，不按约定行事，我就告诉他抚养协议上哪一页写得清清楚楚、明明白白，他总是声称要去法庭告我，但从来都只是虚张声势罢了。

——哈蒂，32 岁

我建议在抚养协议中包括下面这些内容。和前面一样，请咨询律师以获得最佳行动方案。

在中立的场所接送孩子。选择一个中立场所接送孩子。中立场所是指一个与你、另一方家长、孩子都没有任何情感联系的地点。有些家长会选择位于两家中间的某个公共场所。选择公共场所很重要，因为有他人在场时他们往往会表现得更好。公共场所还意味着一旦你和另一方家长产生冲突，你有目击证人，同时意味着如果有需要，可以更快地得到执法部门或应急服务机构的帮助。

谁允许出现在接送地点。如果你的离婚过程进行得不太顺利，和另一方家长见面难免会起冲突，你可以和另一方家长达成共识，让家人或朋友把孩子带到接送地点。为了避免与前公婆、前岳父岳母或对方的新恋人发生冲突，你也可以在协议中加上一条，只有你或另一方家长可以出现在接送地点。

一方家长未按时出现时，另一方应等待多长时间。通常，30 分钟被认为是等待另一方家长的合理时长。合适的等待时长取决于你和另一方家长。如果另一方家长联系你说自己可能会迟到，你可以考虑适当延长一下等待时长，但如果这成为一种行为模式，你感觉自己受到了操纵，你就无须同意对方的延时请求。当然，你需要记录下这一次未能按时接送孩子的情况。记住，尽量保持中立，不要让孩子卷入你和前任的冲突之中。我知道这很难，但是为了孩子你必须得努力做到。

（看护）优先取舍权及由谁来照看孩子。在监护权的安排中，有一项规定叫"（看护）优先取舍权"，意为如果你或另一方家长因故无法在规定的晚上照顾孩子，你需要为另一方家长保留优先看护孩子的机会。你也可以明确规定，在规定好的照顾孩子的晚上，如果另一方家长外出不超过 30 分钟，则"（看护）优先取舍权"不再适用。如果确实需要他人来照看孩子，抚养协议中应明确规定好允许谁来照看孩子。一个保姆或哥哥姐姐就可以，但你认识的某个煤气灯操纵者（比如一个姻亲或新配偶）则万万不行。这些事项都需要在抚养协议中规定好。

把离婚文件和抚养协议放在孩子看不到的地方。煤气灯操纵者经常会把敏感的离婚文件和抚养协议放在孩子的视野之内，来表明另一方家长是多么"不可理喻"。抑或他们想让孩子看到他们给前任付了"一大笔钱"。当受到质问时，他们会撒谎说这不是他们的错，是孩子自己偷窥的。在抚养协议中明确规定任何与离婚或抚养协议有关的文件必须放在孩子看不到的地方，并且永远不能和孩子讨论相关问题。

孩子在一方家长的监护下时，在言谈中必须要尊重另一方。有时候，前任认为他们在向别人贬低另一方家长时，孩子是不会在意的。煤气灯操纵者在抱怨你时，会假装不知道孩子就在附近。他们会轻描淡写地声称"我不知道孩子在听"或"是他们偷听私人谈话，不是我故意抹黑你的"。如果你在抚养协议中规定必须要礼貌地谈论起另一方家长，而煤气灯操纵者违反了协议规定，他们就无法避重就轻了。（注意自己也不要犯这样的错误。）

交流方式。如果煤气灯操纵者在电话中反复改变说辞，或不承认自己之前的话，而你已经不堪其扰，你可以在抚养协议中添上一条：只能通过短信或电子邮件交流。只使用书面交流方式，你就有证据证明你和前任说了些什么。你还可以在抚养协议中同意使用日程共享网站或应用程序。

家长协调员

最后，我们来谈谈你可以使用的另一资源。在美国，家长协调员通常是一位心理健康专家或其他对你会有所帮助的专业人士。他们可能由家庭事务法庭的法官指定，或是你自己聘请的。一些州甚至有经过认证的家长协调员，他们接受了专门的相关培训来帮助高冲突离婚中的家长。家长协调员会和你及另一方家长一道，确保双方都同意使用尊重彼此的沟通方式，让孩子远离分歧，遵守双方达成的抚养协议。一旦你和另一方家长产生分歧，家长协调员会聆听双方的意见，然后根据抚养协议和孩子的最大利益给出建议。

> 针对前任我申请了限制令，我们通过法官指派的家长协调员来进行沟通。这让我的生活轻松了许多。
>
> ——嘉娜，28 岁

可获得的帮助

众所周知，煤气灯操纵者会给你和孩子造成巨大的心理伤害。如果不加监管，擅于操纵的父母会给孩子造成持久的伤害。这就是为什么我建议你进行心理咨询。寻求心理帮助没有任何羞耻之处。与一位中立的第三方谈谈会减少你和孩子罹患与压力相关疾病的可能性，帮助治愈悲伤，降低你和孩子使用不健康的应对机制的概率。

为孩子寻求心理咨询

如果孩子的双亲中有一方是煤气灯操纵者，那么能够从心理健康专家（社会工作者、咨询师、心理学家或接受过处理儿童情感问题相关培训的人）处获得帮助对孩子来说至关重要。无论年龄大小，你的孩子最为可能沦为煤气灯操纵者的受害者。事实上，孩子通常是煤气灯操纵者实施虐待的直接目标。这是因为孩子尤为脆弱——无论父母如何对待他们，他们都会深爱着父母。煤气灯操纵者深知这一点，并利用它对孩子实施操纵，让孩子与你产生隔阂。

在心理咨询中，孩子会发现心理健全的父母是不会这样对待他的，并学会如何应对操纵欲极强的家长。心理健康专家还可以为你和孩子一起进行咨询治疗，这能让你更好地理解孩子的感受，从而更好地帮助他。一些心理健康专业人士曾接受过游戏治疗的培训。当孩子无法用语言来表达自己时，可以采用这一方式来表达自己的感受。

与另一方家长一起参加心理咨询

你还可以选择和擅于操纵的另一方家长一起参加心理咨询治疗。心理健康专家甚至会建议整个家庭一起进行心理治疗。一定要注意，即使是经验丰富的咨询师，也可能被非常狡猾的煤气灯心里操纵者所蒙蔽。而且，有时候与前任一起参加家庭咨询治疗，效果可能会适得其反。在做这一决定时，考虑一下咨询师的建议和你的直觉。这种类型的心理治疗成功与否，取决于咨询师的水平，以及其对儿童发展及煤气灯操纵行为或自恋行为、反社会行为的知识储备。

单独接受心理咨询

如果你曾和一个煤气灯操纵者有过一段婚姻，现在要和他离婚，你必须自己去做心理咨询。你经历了其他父母通常不会面临的压力，这会让你感到"孤立无援"，尤其是当你的朋友都无法理解你的时候。你的朋友可能无法完全理解你的前任有多么折磨人，你可能也不会向他们吐露太多私人信息。心理健康专家可以帮助你学会更好地照顾自己和更有效的育儿策略。心理咨询是一个安全的方式，你可以发泄自己的沮丧以及对擅于操纵的前任的愤怒。

如果你不说出来，你就会用行动去表现出来。这意味着你可能会采取不健康的应对机制，比如喝酒或暴饮暴食。而且，很不幸的是，如果你把抑郁情绪一直憋在心里，你可能会对孩子表现得不耐烦、垂头丧气和愤怒。即使你永远不会把沮丧发泄到孩子身上，但如果你处于巨大的压力之下，不良情绪也会以各种方式表现出来。如果你有以下情况，强烈建议你去进行心理咨询：

- 对孩子或他人说话时怒气冲冲
- 发现自己对孩子的期待日益"僵化死板"
- 发现自己越来越容易对孩子动怒

- 会因为一点小错便惩罚孩子
- 相较于其他孩子，对长得像擅于操纵的前任的孩子更为严厉和刻薄
- 无法履行为人父母应尽的义务

第 10 章提供了更多关于心理咨询的信息。

更好地照顾自己

如若在飞行中遇到紧急情况，乘务人员会告诉你先为自己戴上氧气面罩，再帮助孩子戴上，这样你才能够有效地帮助孩子。同样地，你需要先照顾好自己，才能成为最好的父母。与煤气灯操纵者共同抚养子女会让你筋疲力尽、愤怒失望，并感觉自己被人利用。因此，积极主动的自我照顾非常重要，你需要定期照顾好自己，而不是"被动"地自我照顾，即只有在危机发生时才懂得照顾好自己。

你可能会觉得自己必须弥补另一方家长的行为。然而，这是不可能的。你可能还会因为把孩子放在一个病态的家长身边而心怀愧疚。有时候，人们试图成为"完美的父母"以弥补另一方家长的欠缺。这将导致你筋疲力尽，实际上反而会阻碍你成为称职的父母。要成为完美的父母是不可能的，但是有无数种方式可以使你成为了不起的父母。孩子最想从父母那里得到什么？爱、健康的界限、认真倾听和理解。

你的职责就是无视另一方家长的所作所为，尽你所能成为最好的父母。非操纵性的家长通常会陷入一个陷阱：他们竭尽全力为孩子提供另一方家长没有给予孩子的一切。你完

全不必如此苛责自己。

　　与煤气灯操纵者离婚并共同抚养子女会是你经历过的最为艰难的事情之一。了解自己和孩子的权益非常重要。照顾好自己，因为当你状态不佳时，尽你所能成为最好的父母会是个极大的挑战。照顾自己的方法包括接受心理咨询——它能安全地排遣你的不良情绪，而且心理咨询师会帮助你一起想解决方案，让你和孩子过得更好。要心怀希望，你的孩子可以成长为一个健康、快乐的成年人。

⌘ ⌘ ⌘

　　在阅读本书的过程中做一些自我反省，你可能已经意识到你正在实施某些煤气灯操纵行为。如果你和煤气灯操纵者一起生活过，学会一些操纵行为是极正常的事。它可能是你应对失控局面的一种方式——通过使用煤气灯操纵者常用的操纵策略来对付他。在下一章，你会了解如何终止这些煤气灯操纵行为，从而为你和你爱的人创造更好的生活。

第9章

谁？我吗？

你是煤气灯操纵者时该怎么办

在本书中，我们已经讨论了许多在不同关系和不同场景中的煤气灯操纵者。现在，是时候面对一个众人忌讳的话题了：如果你怀疑自己是一个煤气灯操纵者，怎么办？好消息是，那些怀疑自己是煤气灯操纵者的人通常不是。在本书的论述中，我相信你已经注意到了，真正的煤气灯操纵者认为自己才是正常人，而其他人都有问题；他们拥有所谓的自我协调人格。真正的煤气灯操纵者绝对不可能主动寻求心理帮助，但这并不意味着你一定没有煤气灯操纵的某些特征。如果你认为自己有某些心理操纵行为，而且你愿意学习如何才能变好，那么你就来对了。想在生活中做出持久的改变，其中最重要的一步就是承认自己需要帮助。

在本章中，你会搞清楚你所实施的哪些是煤气灯操纵行为，以及如何着手改正它们。你可能马上就能意识到自己身上的某些操纵行为，而另一些则可能会令你大为惊讶。你会了解自己为什么实施操纵（通常是因为和你关系亲密的某个人是或曾经是煤气灯操纵者，你在耳濡目染中也学会了）。在本书中你不仅可以了解到很多相关知识，还可以获得很多实际的帮助。

许多有煤气灯操纵行为的人终其一生都难以维持一段良好的友谊，一直身处不健康的（甚至可能是虐待性的）关系中，并且对自我的感觉很不好。他们可能会问自己到底做错了什么，为什么别人的生活看起来更容易些。以上这些曾发生在你身上吗？所有这些经历对于有心理操纵行为的人来说，都很常见。

你有煤气灯操纵行为吗

如果你担心自己可能是一个煤气灯操纵者，看看下面的列表，想一下在自己身上是否发现过任何类似行为。你：

- 经常说谎，即使有时说谎没有任何意义
- 不会直接告诉别人你的需求
- 期待别人读懂你的想法并了解你的需求
- 不确定你的需求有哪些
- 别人搞不清你的需求时，你会生气、不安
- 想方设法让人们按你的心意行事，而不是直接开口要求他这样做

- 不告诉别人你想要什么，然后在他们没满足你的需求时展开报复（这是一种被动攻击行为，在本章后面会提到）
- 当别人在做某件事情花的时间比你预期的长时，你会感到沮丧
- 有朋友和家人曾经说过，你说话的语气充满讽刺或很粗鲁
- 脾气急躁
- 生气时"大脑一片空白"，不记得当时做过的事
- 认为人大都是自私的，只顾自己的需求

你觉得如何？准备好进行更深入的研究了吗？

从煤气灯操纵者身上学到的操纵行为："跳蚤"

第 6 章是关于擅于煤气灯操纵的父母的，在其中一句谚语"和狗躺一起，跳蚤满身挤"中，我们提到了**跳蚤**这一术语。人们通常会从父母身上学会某些煤气灯操纵行为。我们从父母身上学习成年人应当如何行事，因此无意中学会了他们的某些行为，这是件极为正常的事。如果你现在表现出一些心理操纵行为，很有可能这是你在一个虐待的或混乱的家庭中学会的一种自我保护和应对方式。具有某些操纵行为的人和彻头彻尾的煤气灯操纵者的区别在于，真正的煤气灯操纵者将这些操纵行为视为自己和世界联系互动的唯一方式。也就

是说，他们将这些行为运用到生活的各个方面：家庭、工作、社交生活及社区中。我的感觉是，如果你只有在处于压力之下时，或者在面对真正的煤气灯操纵者（极可能是你的父母）时，才会表现出这些行为，请不要过于担心。本章内容可以帮助你把自己的行为与相关的情境联系起来，帮助你在压力之下用更健康的方式与人交往、应对自如，你会从中获益良多。

自我保护

当我说你的煤气灯操纵行为可能是一种自我保护的方式时，我的意思是它们是你保护自己免受伤害的方式。你做了你需要做的事情来应对和生存。如果你和擅于操纵的父母生活在一起，只有学会这些应对策略，你才有可能免于沦为父母怒火的发泄对象。因为父母暴躁、易怒，所以你学会了在无关紧要的事情上撒谎。这一自我保护技能可能会一直伴随你步入成年。

什么是健康的关系

如果你在成长过程中目睹了不健康的关系，或者你曾经经历过一段不健康的关系，你可能很难意识到一段真正健康的关系应该是什么样子的。让我们来看看健康关系的组成部分。它们包括：

- 自由地谈论你和你爱的人的需要和愿望
- 敞开心扉地倾听彼此的担忧，而不会无端地打断对方
- 避免提及与所讨论话题无关的过去的问题
- 对哪些行为是可以接受的、哪些是不可接受的，有清晰的界限
- 可以与朋友相约而不会引起伴侣的嫉妒或不理智行为
- 追求不同的兴趣而不会引起对方的不安全感
- 问题出现时及时解决，而不是不理不睬
- 意识到人无完人
- 如若你爱的人说"不"，尊重并接受对方

值得注意的是，如果我们被擅于心理操纵的父母养育成人，或者一直处于操纵关系中，我们会自然而然地认为完全不争吵是健康关系的标志。事实上，即使身处健康关系中的人也会争吵，争吵可以是一种健康的方式，可以让你的伴侣知道你的需求。肢体冲突才是问题所在。只要夫妻双方能以互相尊重的方式来解决这些问题，意见不一致是完全可以接受的。

开放的沟通

开诚布公的交流是健康关系的重要组成部分。请记住，诚实和开放的交流并不等同于"残酷的事实"或残忍。你可以在不冒犯或伤害他人的前提下说出真相。

"我觉得"句式

表达你的需求的一个方式是使用"我觉得"句式。在"我

觉得"句式中，你是在用一种尊重对方的方式来表达你的担忧，而不是指责他人。比如说你下班回家发现了水槽里的脏盘子，如果你对孩子说"我每天都在为工作奔波，赚钱养家，而你呢？至少你应该把脏盘子放到洗碗机里"，这毫无益处，他们仍然不会主动把盘子放进洗碗机里。你得不到预期的结果，还会和孩子吵起来。

在"我觉得"句式中，你可以不使用"你"来表达自己的忧虑。当人们感到被指责时，会自然而然地为自己辩护。当"你"与批评联系在一起时，人们往往听不进去你接下来要说的话。同时，不使用"你"也会帮助你自身成为解决方案的一部分。在"我觉得"句式中，你会说出你对一个问题的感受，以及为什么这个问题令你烦恼，然后提供一个可行的解决办法。针对上面的洗碗机事件，你可以使用"我觉得"句式这样说："当我回到家，看到水槽里的脏盘子时，我觉得很不开心，因为我喜欢家里干干净净的。我希望饭后盘子能马上被放进洗碗机里。"

注意，你说的正是你想让孩子做的事情，而在第一个例子中你并没有表达出来。在第一个例子中，你只提到了让你烦恼的事情而没有给孩子任何清晰的指令。人们乐于清楚地知道别人对自己的期待是什么，而"我觉得"句式以一种建设性的方式表达了这一期待。

"我觉得"句式的结构如下："当_____发生时，我觉得_____，因为_____。解决方法是_____。"

一开始使用"我觉得"句式可能会令你感觉很奇怪，特别是当你多年来一直使用另一种沟通方式，不适感会尤为明显。但是一定要试一次，看看效果如何。当你看到它的成效时，你可能会发现自己开始越来越多地使用"我觉得"句式。

建立健康的沟通方式

在你寻求身心更健康的过程中，审视一下自己是如何与他人互动和交流的，这会对你大有益处。有三种主要的交流方式：被动式、攻击式和自主式。让我们来了解一下这三种方式，看看哪一种最有利于健康的交流。

被动式交流。先来看一个被动式表达的例子——"当然，你可以借我的毛衣"——但这是奶奶送的毛衣，而且你真的不想让任何人碰它。被动式表达通常声音较小，而且没有眼神接触。在被动式交流中，传达的意思是"我好不好无所谓，只要你好就行了"。你不表达自己的需求，而是在安抚别人，试图让别人快乐起来，但往往忽略了自己的感受。在通常情况下，人们会在与擅于心理操纵的父母的交流中学会被动式交流，这样对方就不会情绪失控了。

攻击式交流。恰恰相反，在攻击式交流中，你的设置是"我好就行，你不好没关系"。你在表达自己的需求时丝毫不为他人考虑。攻击式表达的一个例子是"当然不行，你不能借我的毛衣。反正你穿了也不好看。"你的声音会比平时更响亮。攻击式沟通也可能采用另一种形式——面带微笑地说一些恶毒的话，这是煤气灯操纵者的专长。

被动攻击式交流。还有一种被动攻击式的讲话风格，你不会直接说出你的需求，但你会用行动表现出来。你可能会说"当然可以，你穿吧"，但是接下来，你就会碰巧"忘记"把他的邮件发送给他，或者在私底下说他的坏话。你是在否定自己的权利，同时践踏他人的尊严。

自主式交流。在自主式交流中，是"我好，你也好"，你在尊重对方的前提下，表达了自己的需求。"对不起，那件毛衣不外借。"你没有骂人或是生气，而是用尊重别人的方式表达了自己的需求（不借毛衣）。自主式交流是表达你的需求的健康方式。

假设工作中有人问你能否担任一个委员会的负责人，你知道自己根本没有时间。被动式回应方式是即使你真的不愿意，你也会同意。攻击式的回应方式是"不行，别再问我了！"你会很确定，从此以后人们会害怕问你任何事情。被动攻击式的回应方式是嘴上说"好的，我可以做到"——然后，因为它会占用你的时间，你会在会议上迟到半个小时，而且对委员会的电子邮件不理不睬。自主式的回复是"我真做不了"。你的答复要直截了当。这是对他人的尊重，更重要的是，这也是对你自己的尊重。

非语言交流和语气

说话时留意一下你的肢体语言。你想要传达的意思是：你是开放、包容的。双手交叉于胸前传递出的信息是"我对你说的话不感兴趣"或"我受够了"。开放性的姿势（双臂或双腿不交叉）传达给人一种给予和接受的态度。

煤气灯操纵者都是表里不一的"人才"，他们说的是一件事，而他们的面部表情表达的则是完全另一回事。心理健全的人是一致的，他们的面部表情和他们所说的并无二致。在和别人交谈时，注意一下自己的肢体语言和面部表情是否一致。

不仅要注意你说了什么，还要注意你是怎么说的。语气可以传达很多信息。这就是为什么使用短信作为主要的交流方式会在人与人之间引起很多纷争。如果你没有正确解读（或发送）一条短信的语气，很容易产生误解。

当你为某事心烦意乱时，音量便会升高。注意你的音量是不是变大了，努力将音量保持在正常范围内，并且音高要适中。

交流时保持平等的地位

如果你有煤气灯操纵行为，有时候你可能会不自觉地用"高人一等"的口气和别人说话。如果你是被擅于操纵的父母抚养长大，你会发现这类父母对你说话时总会显得"颐指气使"。在一段健康的关系中，交流的目的是以平等的方式沟通，没有谁比别人生来优越。美国著名心理学家、医学博士艾瑞克·伯恩（Eric Berne）开创的"人际沟通分析"（transactional analysis，TA）心理咨询技术中，有一部分叫"父母－成年子女模式"。它展现了人们之间是如何互相交流的，以及如何改善交流以使伴侣之间以及家庭成员之间能够在交谈时尊重对方。

当我们与他人交谈时，各自扮演着父母、孩子或成年人的角色。当你作为父母与别人说话时，你会使用"你应该""你需要""你理应""绝不"和"总是"等诸如此类的词。

这暗示着你是在批评别人或是在许可什么，这正是父母可能会做的事。作为父母说话时，人们会表现出攻击式的非语言信号，比如指手画脚、握紧拳头或者站得太近。然而，当你作为孩子和别人说话时，你会更多地使用情绪而不是语言。你不是在交流，而是在哭泣或生气。你可能也会使用"我想要""我需要"或"我不在乎"等诸如此类的词。扮演孩子角色的人也可能会逗弄和他说话的人，如咯咯地笑或者哼哼唧唧。他们常常会动来动去或者表现得好像听不到对方在说什么。

　　一段健康关系的目标是让双方像成年人一样交谈。作为成年人交流意味着真正地倾听彼此而不会贸然做出评判；意味着在说话时不要心怀戒备，要有开放的肢体语言。作为成年人交谈时，人们会努力去理解别人在说什么，会询问别人的观点，并提出自己的看法和建议，而不是把自己的观点强加于人。成年人在交流时，会注意到更多人类行为的灰色地带，这意味着承认人们的需求和欲望是错综复杂的，会有各种各样的感受和行为，不能武断地判定一个人是好是坏。当我们在作为成年人交谈时，也可以心平气和地"求同存异"，不去提及过去受到的伤害。

　　下次和别人交谈时，看看你是在扮演父母、孩子还是成年人的角色。正如之前所说，如果你具有一些煤气灯操纵行为，你可能更倾向于扮演家长的角色。如果你是在和煤气灯操纵者打交道，你更可能会倾向于扮演孩子的角色。认真审视一下你所使用的话语和肢体语言，尽量在交流时让自己看起来像一个成年人。

也许对方是煤气灯操纵者

煤气灯操纵者常使用的一个技巧叫作"**投射**",他们指责别人在实施操纵,而实际上是他们自己在实施控制和操纵。也许这就是发生在你身上的事情。在你的生活中,是否有人指责你喜欢操纵,或指责你是一个煤气灯操纵者?一开始是不是觉得这一指责很傻、难以置信,或者"不大对劲"?相信你的直觉。如你所见,煤气灯操纵者是操纵大师,在他们的操纵下你很难看清现实。经常发生的情况是,在他们实施操纵时,你公开指责他们,他们则颠倒黑白,说你才是真正的煤气灯操纵者。他们这样做是为了转移你的注意力,让你不再继续盯着他们的冒犯行为。煤气灯操纵者痛恨别人公开指责他们的行为,这意味着你已经盯上他们了。

当然,在一段关系中,也可能双方都有操纵行为。感情伊始,可能只有一个煤气灯操纵者,而另一方会逐渐发展出操纵行为作为应对方式,以其人之道还治其人之身。有时候,非煤气灯操纵者甚至会使用同样的干扰和操纵技巧,来击败真正的煤气灯操纵者。然而,无论你多么努力地试图操纵一个煤气灯操纵者,都无济于事。煤气灯操纵者在实施操纵和侮辱他人方面总是会胜过你。另外,说一些有违你的个性及价值观的话只会让你在感情上痛苦不堪。再次重申,相信你的直觉。如果有人指责你是煤气灯操纵者,仔细审视一下你们之间的关系动力,看看你是否真的有错。通常,如果你仍会感到良心不安,那就不是你的问题。

纠正错误

事实上，如果你发现自己曾经操纵过别人，疗愈过程的重要一步便是向你曾经伤害过的朋友或家人道歉。为自己的行为负责，努力让自己变得更好，这不仅对你的幸福至关重要，对你所爱的人同样重要。

道歉

> 我为自己的操纵行为向哥哥道了歉。出乎意料的是，他也为自己的某些行为向我说对不起。这是我们关系的一个真正的转折点。
>
> ——梅根，50 岁

为你给别人造成的损失和伤害真诚地道歉。记住，"我很抱歉你因为我的大吼大叫而生气"并不是一种有效的道歉方式——你把责任都推到了对方身上。真正的道歉应该是"很抱歉我冲你大吼大叫，这很伤人，而且会伤害一段健康的关系。为了学会更好的交流方式，我会接受心理咨询，因为我之前的做法是不对的"。你要指出这一行为，为其承担责任，承认它给别人造成了痛苦，并说明你正在做的补救方式。

给对方一点空间

在本章中你还会读到，即使你向你爱的人真诚道歉并寻求心理帮助，

> 我和妻子说对不起，她告诉我她需要时间好好考虑。我慌了，我求她不要离开我，但这只会让事情变得更糟。
>
> ——乔纳森，38 岁

也并不能保证对方愿意重归于好，甚至他们可能还会抗拒继续与你沟通。有些伤害需要很长时间才能修复。在道歉之后，试着询问一下对方，目前他需要你做些什么。如果答案是"我需要一个人静一会儿"，也不要惊讶。告诉对方你尊重他的这一要求。不要纠缠或反对你所爱的人对你提出的要求。等他先联系你。

如果你所爱的人告诉你他需要时间考虑一下，你可以利用这一段时间来疗愈自我、改善自我。想要搞清楚你为什么会实施操纵，如何停止操纵，以及如何以健康的方式与人交往，心理咨询是方法之一。你可以在下一章了解更多与心理咨询相关的信息。

这些措施都无效，怎么办

很多时候，即使你开始着手改善自己，这段关系也不一定能维持下去。你们发现双方已经彼此远离，或对方一直以来都在操纵你并让你背负各种指责。如果这段感情结束，你会经历一个悲伤的过程，这无异于死后复生。如果你有心理操纵倾向，结束一段关系甚至会带来一种被抛弃的感觉。伊丽莎白·库伯勒–罗丝（Elisabeth Kübler-Ross）将哀伤划分为五个阶段，我深以为然。她指出，你不一定会经历所有的阶段，你可能会跳过某些阶段，也可能根本不会经历其中的一些阶段。她的五个阶段更像是一个指南，让你知道你失去以后的感受是完全正常的。

哀伤的五个阶段

否认和震惊："并没有真正结束，这不可能。"你可能感觉一切都"不够真实"，或者感觉自己就像在做噩梦。

愤怒："她无权离开。这可能是她生命中最美好的时光了。"你会愤怒到失去理智，被那些无关紧要、毫不相关的人激怒。同时你还会对自己发火。

讨价还价："我发誓，如果她回来，我再也不会大吼大叫了。"你试图开始给自己"洗脑"。"如果 X 发生了，我就会做 Y。"然而，X 并没有发生。因此你会开始下一次"洗脑"，而那也行不通。

抑郁："一切可能真的就这么结束了。我从未感觉这么糟糕。"你大部分时间都在流泪，四肢感觉沉重无比，整天昏昏欲睡。你甚至可能会产生自杀的想法，如"真希望我能消失"或"如果我死了，所有的痛苦就会停止"。如果你想自杀，请马上合上书，并拨打当地的自杀危机干预热线。

接纳："我从中学到了很多，我一定不要重蹈覆辙。"在这一阶段，虽然你仍感万分不舍，但你也不能否认已经发生的事情。你甚至可以从你的失去中发现一些积极的方面。比如，你对自己有了更多的了解；你开始接受心理咨询；你结识了一些有相似经历的朋友。你可能也开始学会宽容。宽容并不意味着过去发生在你身上的事情是可以接受的，而是意味着你放弃了对过去会有所不同的希望。你释怀了，并摆脱了过去对你的控制。

放手

分辨"可以改变和不可以改变之间的不同"的智慧是熬过困难时期最艰难的部分之一，比如分手，尤其是当你觉得自己应该受到指责的时候。有时候，我们只是需要时间和耐心来治愈失去所爱的痛苦。

记住，这些感受都是暂时的。尽管现在很痛苦，你终将会痊愈。失去就像被巨浪击中，你觉得自己一直在水中挣扎，永远也无法浮出水面。但随着时间推移，浪会越来越小，最终只剩几朵悲伤的浪花时不时地拍打你的内心。如果你觉得自己可能会伤害自己或他人，请联系当地的自杀危机干预热线。

被高估的了断

如果你觉得自己之所以没能挺过分手这一关，是因为你从未得到"了断"，那么我告诉你一个小秘密：了断的作用被高估了。你可能永远也得不到你想要的了断。说到了断，我是指双方坐下来或在电话里，进行一场"分手谈话"。这有点像"尸检报告"。如果你一直等前任明确告诉你到底是什么让他决定结束这段关系，你可能要等很久很久。与此同时，生活还在继续。另外，即使前任告诉了你离开的原因，这个答案可能仍然无法填补你正体验着的空虚。你会继续追问这是否就是全部答案。你能做的最佳选择就是继续努力改善自己。只有这样，当下一次恋爱机会来临时，你的情绪才会处于最佳状态。

⌘ ⌘ ⌘

下一章会讲解并探讨心理咨询，这是一种治疗煤气灯操纵行为的有益方式，也是一种疗愈煤气灯操纵受害者的有益方式。你会了解到以下几种心理咨询方法：当事人中心疗法、认知行为疗法、接纳承诺疗法以及焦点解决疗法。每一种疗法都为治疗界带来了一些崭新或不同的东西，人们会发现有时某一种疗法比其他疗法对他们更有效，而有时多种疗法结合使用最为有益。通过深入了解咨询的类型，你可以决定哪种类型的咨询模式最适合你。

第 10 章

获得自由

心理咨询及获取帮助的其他途径

无论你曾是煤气灯操纵的受害者，还是曾在自己身上发现了操纵倾向，咨询心理健康专家都会对你大有裨益。煤气灯操纵会导致你承受极大的压力，而且如果你和一个心理操纵者共同抚养孩子，你的孩子也会承受很大的压力。一定要照顾好自己，保证充足的睡眠，坚持锻炼，养成健康的饮食习惯。另外，还要积极寻求专业的帮助。

正如前一章所提到的，如果你是由擅于操纵的父母抚养长大，或者曾与煤气灯操纵者有过感情纠葛，你可能会发现你甚至会对自己实施心理操纵。由于心理操纵者的反复洗脑，你可能曾质疑过自己生活中某些方面的真实性。意识到自己需要特别的帮助可能会花费很大的心力，所以你应该为自己感到骄傲。寻求帮助是一种力量，并不是人人都能意识到自己需要帮助。

心理咨询

如果你曾是煤气灯操纵行为的受害者，或你自己有操纵倾向，寻求谈话治疗或心理咨询会对你有所帮助。可能咨询看上去就是坐着和某人聊天，但实际上这并非易事。你能从中得到什么取决于你为之付出了多少努力。期望也会对治疗结果产生影响。相较于"我不认为这有用，随便吧"的消极态度，如果你带着"这可能会为我的生活带来一些积极的改变"的态度进行咨询，效果会更好一些。心甘情愿、满怀期待地去接受心理咨询，你就更有可能获得你想要的洞察力，以及新的应对方法和沟通方法。

你可以在家人、朋友或你所在社区的其他人的引荐下寻找心理健康专家。为你提供健康保险的公司也可以为你推荐一位可以通过保险报销费用的心理健康专家。你也可以通过搜索引擎、心理咨询网站和应用程序来自行寻找。

选择合适的心理健康专家

和某位心理健康专家见面时，你可能和他很合拍，也可能感觉他不适合你。你可能需要和多位心理咨询师面谈以后，才能找到适合你的那一个。在选择咨询师时，听从你的直觉，直觉会告诉你到底有没有问题。如果你的父母是煤气灯操纵者，直觉可能曾经告诉过你父母的行为是不对的。如果你跟父母提及这一点，他们很可能会说你疯了，简直满口胡

> 我见了好几个心理咨询师，才找到一位能让我真正敞开心扉的。
> ——德翁，34岁

言。这一切同样会发生在与煤气灯操纵者的感情之中。要认识到，直觉几乎总是对的，并学会听从直觉的指引，它几乎总能正中目标。你是心理咨询师的雇主，不管别人怎么强烈推荐，你有权选择与让自己感觉不自在的人终止合作。

有些心理咨询师的风格是静静倾听，在你提出问题时才给出反馈。有些可能会表现得更为直接，甚至会打断你。如果你自身有煤气灯操纵倾向，你可能需要一位更为直言不讳的咨询师，否则你很可能会轻车熟路地操纵咨询师，并对他施以高压。你甚至可以告诉心理咨询师："我希望你能直接告诉我，最好是不留情面地当面指出。"

在联系心理咨询师时，要问清楚：

- 他的执照和执业证书
- 收费标准
- 咨询费用是否在保险范围之内（也要和保险公司确认清楚，并形成书面协议——保险公司没有责任遵守口头约定）
- 他是否曾与煤气灯操纵者打过交道
- 他使用哪种治疗方式（注意，大多数心理咨询师会将下列多种疗法结合使用）
  - ❖ 当事人中心疗法
  - ❖ 认知行为疗法
  - ❖ 辩证行为疗法
  - ❖ 接纳承诺疗法
  - ❖ 焦点解决疗法

● 他预期疗程会持续多长时间。由于每个人的问题和需求都是独特的，你所期待的答案应该是"这取决于个人"，没有人能够打包票让你快速得到好转

现在美国的很多心理健康专家只接受私人付费，不接受保险赔付，你需要在疗程结束时全额付清治疗费用。你可以询问一下他们是否可以接受"浮动付费"，即在合理的范围内，允许你根据自己的支付能力来付费。许多社区心理健康中心都提供"浮动付费"服务。

如果心理健康专家不接受保险赔付，记得让他提供收据，这样你就可以向保险公司申请报销。然后，当你为了报销心理咨询费用而联系保险公司时，询问清楚对于"非参与供应者"（即不接受保险赔付的心理健康专家）可以报销多少。通常情况下，如果该心理健康专家不在你的保险覆盖范围内，报销的百分比会比较低。

在美国，需要注意的是，无论你何时向保险公司申请医疗保险赔偿，不管是心理咨询还是腿伤，这些信息都会进入一家名为"医疗信息局"（Medical Information Bureau）的全国性结算所。这些信息可能会导致你在以后的人寿保险和伤残保险理赔中遭到拒绝。在《平价医疗法案》实施之前，这些信息还会导致你的健康保险申请被拒。基于这一事实，同时为了保护个人隐私，很多人选择不向保险公司申请心理咨询费用报销。

在美国，你可以从医疗信息局的网站上获取你的全部就医信息。它会列出你的就医日期、医生姓名和诊断结果。我

建议你查看一下这些文件，因为我之前有这样的经历：我的医生的办公室弄错了我的诊断码上的一个数字，结果影响了我的保险赔付。如果你在网站上找到了你的信息，发现有任何错误，立即和该医生的办公室联系，他们会更正这一错误。记得索要更正错误的证明。

　　在美国，还要注意的是，如果你要向州律师协会申请成为一名律师，可能会被问及你所接受的心理健康治疗。如果你打算参军，询问一下国防部的征兵人员关于接受过心理咨询或正在服用精神类药物的人员的最新政策。你将在本章后面获得更多关于精神类药物的知识。

你应该和他人谈及你的治疗吗

> 在我家乡那里，除非问题很严重，否则我们是不会寻求心理咨询或治疗的。去和某人见面并谈论一些我连好朋友都不会告诉的事情，这感觉挺奇怪的。但是谈论那些我曾经羞于启齿的事情，让我获得了自由。
>
> ——阿方索，37 岁

　　是否向他人透露自己正在接受心理咨询是一个私人决定。你可能会发现你的家人和朋友认为接受心理咨询非常奇怪。一些家人可能会担心家里的"秘密"流传出去。接受心理咨询是一件需要鼓足勇气的事情——你承认在生活的某些方面你需要一些指引。每个人都有问题，而你现在有足够的力量去面对这些问题了。不要因为他人的反应而却步，或者干脆谁也不告诉。

在本章中，我列举了几种不同的治疗方法。（当然还有很多方法，但这些是目前使用最为广泛的。）你可能会发现某一种方法比其他更为适合你。你还会发现绝大部分心理健康专家将不同的治疗方法结合起来使用。心理健康专家应该会告诉你他们是否接受过某种或某些咨询理论的专业培训。

让我们一起来了解这些治疗方法，看看你是否会与其中一种产生强烈的共鸣。

当事人中心疗法

当事人中心疗法是一种非指导性的咨询治疗。这意味着在咨询过程中，你处于主导地位，而咨询师是中立的。他不会试图将你引向一个特定的方向，也不会给你建议。

无条件的积极关注

"无条件的积极关注"是当事人中心疗法的重要组成部分。它意味着心理健康专家接受真实的你，无论你在治疗过程中提出什么问题，他们都会全身心地支持你。如果你曾被他人操纵，你可能会感到自己总是被评头论足。在当事人中心疗法中，你可以毫无顾忌地谈论你的问题而不用担心受到评判。

真诚

当事人中心疗法的另一个重要部分便是心理健康专家要真诚。这意味着他会对你坦诚以待，他可能会表达出自己对某事的感受。例如，如果你告诉他你的母亲对你实施心理操纵，让你觉得自己一文不值，心理健康专家可能会说，听闻你受到这样的对待，他感到很愤怒。当心理健康专家流露真情实感时，他是在亲身为你展示如何变得脆弱。脆弱意味着袒露自我，分享真实的自己和真实的想法。不幸沦为煤气灯操纵行为的受害者意味着你必须经常隐藏真实的自己，并封闭自己的内心——因为你知道，你一旦变得脆弱，煤气灯操纵者会将它视为对你发起进攻的信号。学会如何再次变得脆弱起来，是挣脱煤气灯操纵者有害影响的一大步。

自我概念

自我概念是你对自己的看法，由你对自己的想法和价值观组成。出现在你生活中的煤气灯操纵者可能会告诉你，你的这些想法和价值观是错误的，或者可能他们曾公然地无视它们。与煤气灯操纵者待在一起可能已经改变了你的自我概念，让它变得与现实格格不入。煤气灯操纵者的批评可能会让你觉得自己一文不值或总是错误连连。当事人中心疗法可以帮助你找回自我，重建准确的自我概念——你是一个善良、诚实、自信的人。

认知行为疗法

这一心理咨询治疗方法会在一定程度上关注你的内心独白或内心声音。这些声音整天萦绕在你的脑海中。认知行为疗法认为，让你产生某种特定感觉的不是某件事情，而是**你对这件事情的看法**，它会影响到你对这件事情的感受。

把这一过程写下来便是：行为→信念→结果

在你身上发生了一件事，你对这件事产生了某些想法，这些想法会决定你的感受。假设你在上班的路上踩到了泥坑

（行为）。你对自己说，"真不敢相信，我怎么这么蠢。同事们肯定都会笑话我"（信念）。最终，你在工作中度过了糟糕的一天（结果）。然而，假设你在上班的路上踩到了泥坑（行为），你对自己说，"啊，总会有意外发生。我和同事们可有得笑了"（信念）。最终你会度过美好的一天（结果）。根据这一理论，你对一件事的看法会改变结果，那为什么不往积极的方面去想呢？

停止消极的自我对话

白天时我们的大脑中总会有各种声音盘旋萦绕，这些声音可能来自你自己、你的伴侣、某位老师或某个批评你的人。大多数人都没有意识到这种"内在对话"。如果你能花点时间，停下来真正倾听一下这些内心的声音，你可能会发现它们所言非善。它们可能是失败主义的、贬低人格的，有时甚至会残酷无比。当你在工作中接到新任务时，内心的声音可能会说，"你没那么聪明，你永远完不成这件事"或"你永远都不够好"。

停止这种否定的自我对话（在认知行为疗法中称为"消极认知"）的一个方法是更加清楚地意识到你正在做这件事。只是意识到你的内心声音就能极大地帮助你停下。当你意识到你的内心声音在说一些消极的话时，想象一个突然出现的停止标志，或者说出"停止"这个词，这会有效地消除你的消极想法。然后想一个积极的替代声音。例如，将"我永远也无法变好"转变成"我可以变得更好"，将"我什么也做不好"转变成"我这样就挺好的"。改变自己的思维模式是一个巨大的挑战。好消息是一旦你开始改变，它会变得越来越容易，直到有一天你会发现消极的想法几乎都消失不见了。积极的想法会成为一个自我实现的预言。如果你自认为你会有美好的一天，你就很可能会有美好的一天。因此，为什么不给自己一次尝试的机会呢？

认知扭曲

如果你是煤气灯操纵行为的受害者，或者自身有煤气灯操纵行为，你可能会存在认知扭曲。这些都是对你不利的思维方式。这些想法被称为"扭曲"，是因为它们扭曲了我们看待自己和周围世界的方式。认知扭曲包括以偏概全、小题大做、大事化小、读心症和个人化。你可能会使用这些思维模式作为保护自己的盾牌。我们来看看它们是如何运作的。

以偏概全：当你认为一件事情的发展方向代表了所有事情的发展方向时，你就是在以偏概全。例如，"我的一个朋友不能陪我去看电影，我根本就没有朋友。"而事实上你很可能有很多朋友。生活中很少有事情是"非黑即白"的。尽量阻止自己去以偏概全，问问自己，"真是这样吗？"如果你实施操纵，你可能有这样的想法——"如果他走了，我就再也不会快乐了"，或者"我今天过得很糟糕，我的日子总是很糟糕"。这是在通过一个愤怒的悲观主义者的眼睛观察这个世界。

小题大做：俗语"把小土堆说成大山"很好地诠释了什么叫小题大做。例如，"女朋友说今天晚饭时我们应该好好谈谈。我们的感情要玩完了！"你得出的结论毫无证据。这种反应也可以通过对其加以注意来改变。俗话说"别为打翻的牛奶哭泣"，但如果你的父母是煤气灯操纵者，这句话就毫无道理可言了。你知道，类似于打翻牛奶这样的小事会把你的父母变成厉声尖叫的怪兽，他们会大声训斥你，牛奶有多贵，你把牛奶打翻了有多没用，而且如果你一直这样笨手笨脚的，家里就没有钱买牛奶了。然而事实上，总会有意外发生。心理健全的人会说声"哎哟"，然后帮助孩子打扫干净。

大事化小：这是瘾君子的典型行为。"我一晚上喝了 12 瓶啤酒，但这并不意味着我酗酒。"它是小题大做的对立面——"把大山说成小土堆"。大事化小是一种否认，相当于"这里什么也没有……继续前进"。找心理健康专家做一下评估或者进行心理咨询会帮助你确定自己是否真的有大事化小的问题，以及你是否会对某个特别的问题大事化小，比如喝酒或煤气灯操纵者的虐待行为。

读心症："我知道她觉得我没用。"你把自己的想法强加给别人就是读心症。如果你具有煤气灯操纵倾向，你可能会自发地认为人们对你持有消极的想法，这是因为在你的生活中有人持续不断地给你灌输关于你的消极信息。你永远不可能确定别人在想什么。你可不是读心专家，不如设想别人对你有积极的想法，这会对你更有益。另外，正如之前所言，别人对你的看法与你无关。

个人化："我和她打招呼时，她没回我，真是个混蛋。"可能你的朋友很忙，没听见你打招呼。可能她正为别的事分心。生活中很少有事情是针对某个人的。即使有人很生你的气，那也是那个人的事，与你无关。

只要你对这些认知扭曲有了更为清晰的认识，它们在你的思维中就会出现得越来越少。积极的想法会逐渐取代这些扭曲的认知。无论是在情感上还是身体上，停止这些有害的思维方式对你来说最为有益。

辩证行为疗法

辩证行为疗法是认知行为疗法的一种，它可以用来帮助煤气灯操纵行为的受害者、具有煤气灯操纵行为的人，或者两者兼具的人。

最初，辩证行为疗法用于治疗边缘型人格障碍。"非黑即白"的思维方式是边缘型人格障碍的特征之一。边缘型人格障碍患者倾向于在理想化他人和贬低他人之间摇摆不定。他们会先将他人置于神坛——边缘型人格障碍患者认为那个人完美无缺、永远正确，然后，那个人不可避免地会跌下神坛，成为可怕和邪恶的化身。同时，边缘型人格障碍患者还容易有自残行为（包括割伤、刺伤、灼烧自己，以及用橡皮擦反复摩擦皮肤）和自杀行为。你可能在你身边的煤气灯操纵者身上注意到了这些行为，或者你可能自己有过这些行为。和自恋型人格障碍、表演型人格障碍和反社会型人格障碍一样，边缘型人格障碍和煤气灯操纵行为同样形影不离、密不可分。

辩证行为疗法的重点在于增强你的抗压能力，让你保持情绪平稳，并改善你与他人的关系。采用辩证行为疗法的心理健康专家深信可以在接受和改变之间找到平衡点。可能你实施心理操纵并非全部是你的责任，但是你完全有义务选择一种不同的、更健康的生活方式。在辩证行为疗法中，为了你的身心健康，心理健康专家会和你一道，根据你的经历来确定哪些行为是可以被合理接受并理解的，而哪些行为是你应该努力改变的。这种在"接受"和"改变"之间摸索平衡点的"舞蹈"正是该疗法的"辩证"部分。

辩证行为疗法中的一些关键概念如下。

痛苦耐受

令人痛苦的事情在我们的生活中时有发生，它们是不可避免的。有些人似乎能很好地处理令人不快的事情，而有些人则难以应对此类事情。如果你具有煤气灯操纵行为，你可能很难应对生活加在你身上的磨难。你可能曾对自己说过，发生这件不愉快的事是别人的错；或者这不该发生在你身上，太不公平了；又或者这是发生在你身上最糟糕的事了。你也可能曾经从你擅于操纵的父母那里听到过一模一样的话，有时我们会复制孩童时期听到的话。煤气灯操纵者的部分特征便是感觉自己有权让一切都随自己的心意。但在生活中，这是不可能的。在处理一些棘手的事情时，辩证行为疗法所使用的一种方法便是首字母缩写词 ACCEPT。

A= 活动（Activities）——行动起来，做一些简单的事情来分散自己对某件烦心事的关注。

C = 贡献（Contribute）——帮助别人，停止你总是以自我为中心的思维方式。这同样有助于分散你的注意力，并让你的人生观变得更加开放。

C = 比较（Comparisons）——与那些没你富有的人比一比，看看你们的生活有什么不同之处。同样地，关注自己以外的事物有助于你处理令人不快的事情。另外，写感恩日记，在日记中记下每一件令你心存感激的事情和进展顺利的事情，也可以帮你关注生活中的好事，而不是烦心事。

E = 情绪（Emotions）——做一些事来表现出与你目前情绪相反的情绪。如果你感觉疲惫，就设法活跃起来。如果你感觉悲伤，就看一部搞笑电影。这一做法表明情绪是暂时的，你有力量去改变它们。你可能听过词语"假装"——表现出从容冷静的样子，一直到你真的恢复冷静。

P = 推开（Push Away）——如果你觉得自己没用，想象一下自己无所不能，可以改变全世界。这是一种可以"推开"你此刻的消极情绪的方法。

T = 思想（Thoughts）——做一些不调动感情的活动。更多地专注于思维的逻辑层面。看一部不掺杂过多感情内容的电影。基本上，就是暂时变得像史波克（《星际旅行》中的角色）——他逻辑缜密，不讲感情。

心理急救箱

当你的生活一片狼藉时，很难找到办法来照顾自己、让自己感觉更好。如果你的父母是操纵狂，你可能从未得到过温柔的关爱。你可能根本不知道如何善待自己，当你身处危机之中时，这一点尤为困难。你现在能做些什么让自己感觉良好呢？把能够让你放松和平静的事物或活动列一个清单。把这个清单放在你经常看到的地方，如浴室的镜子上或冰箱门上。用手机把它拍下来，这样当你有需要时，就可以随时参照。

例如：

- 出去散步
- 与宠物在一起

- 洗澡
- 冥想
- 进行艺术创作
- 写日记
- 做瑜伽
- 练习深呼吸
- 听一段富有创造性的形象化录音[⊖]
- 打电话给支持你的朋友或家人
- 外出
- 吃零食
- 喝点水

当你感觉"紧张"时要注意

知道多大的压力会开始令你感觉失控，是照顾自己的一个重要部分。当你被他人操纵，或你自己在实施操纵时，你可能很难控制住自己的情绪。懂得控制情绪的人知道自己何时会感到不安，也知道如何让自己冷静下来。当你能调整自己的感受时，你也更倾向于保持情绪上的平稳，减少情绪波动。当你烦躁不安时，你的身体会有什么感觉？一般这时人们会经历：

- 手心冒冷汗
- 胃部痉挛
- 感到燥热，或脸色潮红

⊖　形象化录音，是指通过各种电子显示屏以及 3D 效果渲染，让绚丽的图案随着音乐起伏不断变幻，呈现一场全方位立体效果的视听盛宴。

- 心跳加速

- 呼吸短促、微弱

- 感觉一切都恍恍惚惚、脱离实际

当你开始产生这些感觉时，一种减轻压力的方法是，停下来，做一次深呼吸。深呼吸，又称腹式呼吸，是指用全部的肺活量进行呼吸，这是通过调动横膈膜（肺底部的一块肌肉）来实现的。如果你的腹式呼吸是正确的，当你吸气时，你的腹部会扩张。试着吸气数到五，然后呼气数到十。在进行腹式呼吸时，你是在刺激自主神经系统的副交感神经部分，这会让你体会到一种放松和平静的感觉。下次你突然感到有压力或焦虑时，不妨试一试。

另一种减轻压力的方法是说出你能看到的三样东西、你能感觉到的三样东西，以及能听到的三样东西。这样做能够有效地分散注意力，让你凝神于此时此地。当你关注此时此地（又称"活在当下"）时，你更有可能调节好自己的感受。

接纳承诺疗法

我们谈到的第三种咨询方法被称为接纳承诺疗法。在接纳承诺疗法中，你会去感受你的感觉，而不是把它们推到一旁或忽略它们。避免"令人作呕的"或令人不舒服的感觉是人类的天性。然而，你越是逃避一种感觉，它就越是会出现，有时甚至会来势汹汹地杀回。接纳承诺疗法的其中一个理论认为，只有完全感受到某种感觉，你才能够克服这一感觉并最终让其消失。

接纳承诺疗法鼓励你分三步来用心体会自己的感觉：观察自己，感受自己的感觉，并最终放手。同时，你还会从中发现自己的价值，并基于这一价值采取相应的行动。接纳承诺疗法的一些主要步骤或原则包括正念、认知解离、明确价值、接纳和承诺行动。

正念：正念即将意识集中于当下。正念（或"活在当下"）背后的一个观点是，当过于关注过去时，我们可能会感到沮丧抑郁；当过于关注将来时，我们可能会感到焦虑不安。关注当下会令人感觉平静。在本章后面，你会了解更多有关正念的信息。

认知解离：这一术语描述了这样一个过程——当你减少想法与情绪的关联时，想法对你的负面影响会相应地减小。也就是，想法就是想法，与你究竟是谁或你实际上如何生活关系不大。减少想法与情绪的关联的一个方法是承认你有这样的想法，比如说你不是一个好人。当你把它仅仅视作你的一种想法时，它便不会再控制你。还有一种认知解离的方法是，在脑子里用一种滑稽的声音重复某一消极的想法。还有一种方法是"外化"大脑——"哦，那只是我的大脑在做令人担忧的事情"。这样，想法便被置于自我之外，你就不大可能会太过纠结于它们了。

明确价值：在接纳承诺疗法中，我们将价值视为一种选择，它能够赋予你的生命以意义，给你一种目的感。一种明确你的价值的方法是，把你希望人们在你的葬礼上说的话写下来——"他关爱自己的孩子""他是一位可靠的朋友""他热爱自己的事业"。另一种明确价值的方法是想清楚——假如没有人知道你在生活中取得的成就，你会更看重什么。

接纳：你接纳你的想法和感受，以便能够更好地采取行动。接纳的一种方法是"解绑"，即承认你有某一想法并不意味着你会付诸行动。另一个方法是问自己，这些想法在你的生活中是否奏效。它是帮助你成为你想成为的人，还是在拖你后腿？咨询师可能也会要求你把你经历过的艰难困苦写下来，或记在日记中。把事情写下来，不再让它们盘桓在你的脑海中，可以帮助你处理并解决它们。

承诺行动：在接纳承诺疗法的这一步，你基于自己的价值来制订行动计划，即一系列的长期和短期目标。当你偏离你人生道路上的这些目标时，你会感觉到不安或"不对"。假设你发现你生活中的价值之一是与你的伴侣保持良好的关系，你可以采取哪些步骤来实现这一目标呢？目标一定要翔实、清晰。一个宽泛的目标可能是"我想让我的配偶获得幸福"。即时的目标是指第二天你就要做的事情，例如"明天我要在晚饭之前到家"。短期的目标是指你可以在一周之内完成的事情。因此，一个现实的短期目标可以是"我要打电话预约全家福的拍摄"。中期目标是指你可以在未来几个月内完成的目标，它可以是"我要清理车库，并完成所有的房屋改造工作"。长期目标是指你可以在未来几年内完成的事情，例如"三年内还清所有债务"。

焦点解决疗法

焦点解决疗法着眼于解决问题。它关注现在和未来，而不是过去。焦点解决疗法不太关注你的经历及你是如何走到今天这一步的。它着眼于如何帮你创造一个更好的明天。

一个神奇的问题

在焦点解决疗法中，心理健康专家可能会问你"如果一切都变好了，情况会怎么样"，或者"明天一早醒来，一切都是你想要的样子，谁会是第一个注意到的人呢"。心理健康专家关注的是你的目标，即你想在生活中达成的目标，然后他们会帮助你铺设道路以抵达该目标。很可能你从未被问过类似的问题。思考一下你理想中的生活会是什么样子，这样做本身就可以释放负面情绪，治愈创伤。

从改变一件事开始

焦点解决疗法的一个前提是，你无须改变所有的行为就能看到生活中的积极变化。你可以仅仅改变一件事，你生活中的一切都会随之发生变化。例如，看到你的伴侣忙活着做家务，你决定感谢他。随着时间推移，你发现你和配偶之间似乎相处得更融洽了，而且你根本无须要求他在家里做些什么，他就会主动去做。仅仅那一声感谢就足以改变你们之间的关系。

肯定自己的进步

你开始阅读本书，就意味着你已经着手来改变自己的生活了。这非常了不起，表明你充满了力量。煤气灯操纵者擅长在心理上击败受害者，因此你可能会对自己极其苛刻，会为那些不是你造成的错而自责。在焦点解决疗法中，心理健康专家会帮助你看到自己的巨大进步，注意到那些以前没察觉到的事情。有人能帮我们看到我们取得的巨大进步是非常重要的，尤其是当我们感觉自己"停滞不前"时。进步就是进步，即使你仅仅前进了一小步，这仍是你付出努力所获得的成功。

哪些事进展比较顺利

在焦点解决疗法中，心理健康专家可能会询问目前在你的生活中有哪些事进展顺利，或者是什么帮你从你所经历的煤气灯操纵中解脱出来。答案也许是坚持锻炼——它帮你理清思路，减少焦虑。你可能会发现当你全神贯注于一项爱好时，你会暂时忘记你所承受的痛苦，暂时摆脱头脑中煤气灯操纵者的声音。心理健康专家会帮你发现哪些事物或人能让你的生活变得更好，这样你就可以相应地增加此类活动或多和某人接触。你会关注并投入到更多的事情中。

团体治疗与个体治疗

相较于个体治疗，团体治疗可能会更为有效。如果你是在某个团体中接受治疗，你可能更愿意去参加治疗，并获得更大的收获。在团体中会产生积极的社会压力——源于其他成员的期待，你参加下一阶段治疗的可能性会增加。在团体治疗中，你可以体验到"经验的普遍化"——你感觉到自己并不是唯一一个被这些问题和困扰折磨的人。这带来的归属感会让你得到情绪上的宣泄，有利于你的疗愈。你可以同时进行个体治疗和团体治疗，这会给你带来更大的好处。你甚至可以通过视频会议的形式参加团体治疗和个体治疗。

药物治疗

你和心理健康专家见面时，他可能会推荐你去找处方医生开药，以帮助你缓解焦虑和抑郁。在和煤气灯操纵者打过交道的人身上，焦虑和抑郁极为常见。有时候，由于你对现实的认知受到质疑，或缺乏睡眠，你的思维可能会变得模糊不清。如果你感觉筋疲力尽，就很难真正消化和吸收在咨询中学到的内容，甚至可能都很难有足够的精力来参加咨询。抗抑郁药可以帮你重拾清晰的思维，同时有助于你的睡眠。睡眠不足会对你的大脑和身体造成伤害。有时晚上好好睡一觉就能够有效地减轻某些焦虑和抑郁症状。抗抑郁药的副作用包括口干和恶心。

冥想

冥想是另一种可以用来应对煤气灯操纵经历、想法及行为的强大工具。研究发现，冥想可以增强我们对他人和自我的积极感受。它专注于呼吸。从本质上看，冥想的目的是与自己的思想安静地独处，而不是清空你的大脑——即使那些冥想多年的人也很难做到这一点。它的目的就是让你专注于自己的吸气和呼气。

正念冥想

正念是一种非常流行的冥想方式。在辩证行为疗法和接纳承诺疗法中都使用到了正念，在本章的前面你曾经读到过它在接纳承诺疗法中的应用。在做某些"专注性"的冥想时，你通常是坐着或躺下来。而在正念练习中，完全可以出现令人分心的事物或想法。当你分心或某一想法突然出现在脑海中时，你只需承认这一想法，让它自然而然地消失。如果这一想法很重要，它便会被搁置在大脑中的某个次要位置，当你需要它时，它会再次出现。

正念饮食： 在心烦意乱时，你可能会暴饮暴食。你可能习惯大口吞咽，由于吃东西时往往会分心，因此常常来不及细细品尝便将食物囫囵下肚。分心可能会帮助我们暂时躲避一些问题和感受，但这些问题肯定会以其他形式再次出现，比如暴饮暴食。正念进食会对你大有好处。用心吃饭时，你只专注于你的食物——你不看电视，不玩手机，也不读书读报。每一口食物至少咀嚼十次，专注于你的感觉——嗅觉、味觉和口腔的感觉等。

你也可以尝试用小一点儿的盘子盛饭菜。大脑很容易被愚弄，在吃光一小盘食物以后，大脑会认为你吃得和原来用大盘时一样多。如果你仅仅专注于你的食物，你甚至可能会意识到你根本不喜欢自己所吃的食物。一旦开始关注食物，许多人便开始吃更健康的蛋白质和新鲜的蔬菜水果。

你也可以尝试用心地烹饪美食。很多时候由于忘了或是没有时间，你可能会偷懒不想去杂货店买食材或下厨，也可能你认为自己不喜欢做饭。但当你真正开始花时间为自己做饭时，你通常会变得更加享受它，吃得更少，但仍会感到心满意足。你甚至可以把洗碗变成一种正念练习。

正念散步：一行禅师（Thich Nhat Hanh）在他的著作《步步安乐行》中，描述了正念散步。走路的速度比平时要慢。当你放下脚时，专注于脚落地时的感觉，感受拂面的阳光和习习的微风。如果看到赏心悦目的景物，如一棵树，就停下脚步，静静欣赏。放下另一只脚时，重新集中注意力。对于大脑过度活跃、有些神经质的人来说，这是个很好的方式。

如果这些都没有用，怎么办

有时候，煤气灯操纵者及其操纵行为已经对你造成了巨大的伤害，你觉得自己被牢牢困住，一切都不会好转了。要记住，好转是需要时间的，这极为重要。你这种"非黑即白"的思维方式可能让你认为，一种治疗方法没有马上见效，你就走投无路了。这是完全错误的想法。

如果你觉得自己没有任何进展，扪心自问一下：

- 为了好转，我是否付出了全力？（有时人们会坚持原来的行为，是因为他们从这些行为中获得了"次级收益"——当你在家人和朋友之间掀起轩然大波时，你可能会获得关注；当你操纵别人时，你可能会生出一种力量感。）
- 我是不是以积极的态度接受治疗的？（研究发现，如果你带着积极的期待接受治疗，更有可能获得好的疗效。）

记住，心理治疗不是"万金油"。对你的朋友有效的疗法不一定对你有效。这会令人沮丧，但是一旦找到适合你的治疗方法，事情就会快速出现转机。

你坚持到了最后

你终于通过了煤气灯操纵的迷宫，恭喜你！希望你已经知道了如何应对那些搅乱你生活的人（即使你自己也包括在内）。

从煤气灯操纵中解脱出来的最好办法之一就是限制或停止与煤气灯操纵者的来往。然而，在某些情形下（如共同抚养子女），这根本无法实现。如果你无法摆脱煤气灯操纵者，一定要划出健康、合理的界限，寻求他人支持，并咨询心理健康专家和法律专业人士以获得专门的帮助。如果你和煤气灯操纵者一起工作，请记住，一旦受到骚扰，可以用法律来保护自己。

希望永存。不管煤气灯操纵给你造成了多大的伤害，你总能做些什么来改善自己的生活境况。做出积极的改变，如远离煤气灯操纵者、划清界限，以及勇敢发声。在一开始可能并不容易，但是它会给你带来更平和的心境、更幸福的孩子和更健康的身体。你应该试一试。

———○

Acknowledgements

○———

致谢

感谢我的家人、朋友和狗狗——R. 迈克尔·希茨、威廉·莫尔顿、克劳德·莫尔顿先生、克里斯汀·惠特尼先生、露西·萨尔基斯、斯坎普·莫尔顿以及洛基·莫尔顿。特别感谢编辑卡洛琳·平卡斯女士，她让我的写作更有意义。感谢 Da Capo 的蕾妮·塞迪利亚，她亲自购买了本书，而且对本书不吝赞美。感谢我的代理人卡罗尔·曼。同时，感谢心理学博士兼工商管理硕士阿里·塔克曼、罗伯托·奥利瓦迪亚博士、心理学博士杰里米·S. 盖斯、卡尔·克莱因先生及瓦莱利·森·马瑟恩先生，感谢你们的支持和建议。

参考文献

American Psychiatric Association. 2013. *Diagnostic and Statistical Manual of Mental Disorders (DSM-5)*. American Psychiatric Publishing.

Bernstein, D. 2017. "Blago: His Life in Prison." *Chicago*, September.

Boeckel, M. G., A. Wagner, and R. Grassi-Oliveira. 2017. "The Effects of Intimate Partner Violence Exposure on the Maternal Bond and PTSD Symptoms of Children." *Journal of Interpersonal Violence* 32 (7): 1127–1142.

Cialdini, R. 2009. *Influence: Science and Practice*. 5th ed. Boston: Allyn and Bacon.

Donatone, B. "The Coraline Effect: The Misdiagnosis of Personality Disorders in College Students Who Grew Up with a Personality Disordered Parent." *Journal of College Student Psychotherapy* 30, no. 3 (2016): 187–196.

Ellison, S. 2017. "Everybody Knew: Inside the Fall of Today's Matt Lauer." *Vanity Fair*, November 29. Accessed January 21, 2018.

Goffard, C. 2017. "Dirty John." Audio blog post, September 11–October 8.

Gregory, S., R. J. Blair, A. Simmons, V. Kumari, S. Hodgins, and N. Black-wood. 2015. "Punishment and Psychopathy: A Case-Control Functional MRI Investigation of Reinforcement Learning in Violent Antisocial Personality Disordered Men." *Lancet Psychiatry* 2 (2): 153–160.

Hahn, T. N. 1992. *Peace Is Every Step*. New York: Bantam.

Hayes, C. 2017. "Venezuelan President Eats Empanada on Live TV While Addressing Starving Nation." *Newsweek*, November 3. Accessed February 20, 2018.

International Labour Organization. 2012. "New ILO Global Estimate of Forced Labour: 20.9 million victims." June 1.

Jaffe, P., M. Campbell, K. Reif, J. Fairbairn, and R. David. 2017. "Children Killed in the Context of Domestic Violence: International Perspectives from Death Review Committees." Pp. 317–343 in *Domestic Homicides and Death Reviews*. London: Palgrave Macmillan.

Jowett, G. S., and V. O'Donnell. 2018. *Propaganda & Persuasion*. 7th ed. New York: Sage Publications.

Kennedy, M. 2017. "NPR's Head of News Resigns Following Harassment Allegations." NPR, November 1.

Kessler, G. 2018. "Fact-checking President Trump's 'Fake News Awards.'" *Washington Post*, January 17. Accessed January 16, 2018.

Knopp, K., S. Scott, L. Ritchie, G. K. Rhoades, H. J. Markman, and S. M. Stanley. 2017. "Once a Cheater, Always a Cheater? Serial Infidelity Across Subsequent Relationships." *Archives of Sexual Behavior* 46 (8): 2301–2311.

Kraus, A. 2016. "Parental Alienation: The Case for Parentification and Mental Health." PhD diss., Colorado State University.

Kübler-Ross, E., and D. Kessler. 2014. *On Grief and Grieving: Finding the Meaning of Grief Through the Five Stages of Loss*. New York: Simon and Schuster.

Kurtzleben, D. 2018. "Chart: How Have Your Members of Congress Voted on Gun Bills?" NPR. February 19, 2018. Accessed April 8, 2018.

Lisi, B. 2017. "Venezuelan President Maduro Sneaks Bite of Empanada Tucked into Desk Drawer During State Broadcast." *New York Daily News*, November 2.

Madrigal, A. C. 2018. "'Most' People on Facebook May Have Had Their Accounts Scraped." *Atlantic*, April 4, 2018. Accessed April 4, 2018.

McDonald, S. E., E. A. Collins, A. Maternick, N. Nicotera, S. Graham-Bermann, F. R. Ascione, and J. H. Williams. 2017. "Intimate Partner Violence Survivors' Reports of Their Children's Exposure to Companion Animal Maltreatment: A Qualitative Study." *Journal of Interpersonal Violence*, 0886260516689775.

Merriam-Webster. 2018. "Propaganda." Accessed January 18, 2018.

National Coalition Against Domestic Violence. 2017. Accessed December 27, 2017.

National Sexual Violence Resource Center. 2012, 2013, 2015. "Statistics About Sexual Violence." Accessed February 26, 2018.

Oxford University Press. 2017. "Frenemy." Oxford English Dictionary Online.

Patrick, W. 2017. "The Dangerous First Date." *Psychology Today*, December, 44–45.

RGJ Archives. "Full Text of Marianne Theresa Johnson-Reddick's Obituary." 2013. *Reno Gazette-Journal*, September 10. Republished June 2014.

Sarkis, S. 2017. "11 Warning Signs of Gaslighting." *Here, There, and Everywhere* (blog). PsychologyToday.com, September 28. Accessed February 28, 2018.

Setoodeh, R., and E. Wagmeister 2017. "Matt Lauer Accused of Sexual Harassment by Multiple Women." *Variety*. November 29. Accessed January 21, 2018.

Swanson, J. W., N. A. Sampson, M. V. Petukhova, A. M. Zaslavsky, P. S. Appelbaum, M. S. Swartz, and R. C. Kessler. 2015. "Guns, Impulsive Angry Behavior, and Mental Disorders: Results from the National Comorbidity Survey Replication (NCS-R)." *Behavioral Sciences & the Law* 33, no. 2–3: 199–212.

Treisman, D. 2017. *Democracy by Mistake*. (No. w23944). National Bureau of Economic Research.

US Equal Employment Opportunity Commission. 2017. "Sexual Harassment."

Warshak, R. A. 2015. "Poisoning Parent-Child Relationships Through the Manipulation of Names." *American Journal of Family Therapy* 43, no. 1: 4–15.

Wuest, J., and M. Merritt-Gray. 2016. "Beyond Survival: Reclaiming Self After Leaving an Abusive Male Partner." *Canadian Journal of Nursing Research Archive* 32 (4).

Yagoda, B. 2017. "How Old Is 'Gaslighting'?" *Chronicle of Higher Education*, January 12. Accessed January 12, 2018.

人际沟通

《他人的力量：如何寻求受益一生的人际关系》

作者：[美]亨利·克劳德　译者：邹东

畅销书《过犹不及》作者、心理学博士和领导力专家亨利·克劳德新作，书中提出一个科学理念：人们若想抵达更高层次，实现理想的生活状态，百分之百需要依靠人际关系——你相信谁，你如何与人相处，你从他人身上学到什么。

《学会沟通：全面沟通技能手册 (原书第4版) 》

作者：[美]马修·麦凯 等　译者：王正林

一本书掌握全场景沟通技能，用心理学原理破解沟通难题，用"好好说话"取代"无效沟通"。

《你为什么不道歉》

作者：[美]哈丽特·勒纳　译者：毕崇毅

道歉是一种重要的人际沟通方式、情感疗愈方式、问题解决方式。美国备受尊敬的女性心理学家20多年深入研究，教会我们善用道歉修复和巩固人际关系。中国知名心理学家张海音、施琪嘉、李孟潮、张沛超联袂推荐。

《自信表达：如何在沟通中从容做自己》

作者：[加]兰迪·帕特森　译者：方旭燕 张媛

沟通效率最高的表达方式；兼具科学性和操作性的自信表达训练手册；有效逆转沟通中的不平等局面，展现更真实的自己。

《人际关系：职业发展与个人成功心理学 (原书第10版) 》

作者：[美]安德鲁·J.杜布林　译者：姚翔 陆昌勤 等

畅销美国30年的人际关系书；最受美国大学生欢迎的人际关系课；美国著名心理学家、人际关系专家安德鲁·J.杜布林将帮你有效提升工作场所和生活中的人际关系质量。

更多>>>　《给人好印象的秘诀：如何让别人信任你、喜欢你、帮助你》作者：[美]海蒂·格兰特·霍尔沃森
《杠杆说服力：52个渗透潜意识的心理影响法则》作者：[美]凯文·霍根